MUGGED
Poverty in your coffee cup

コーヒー危機
作られる貧困

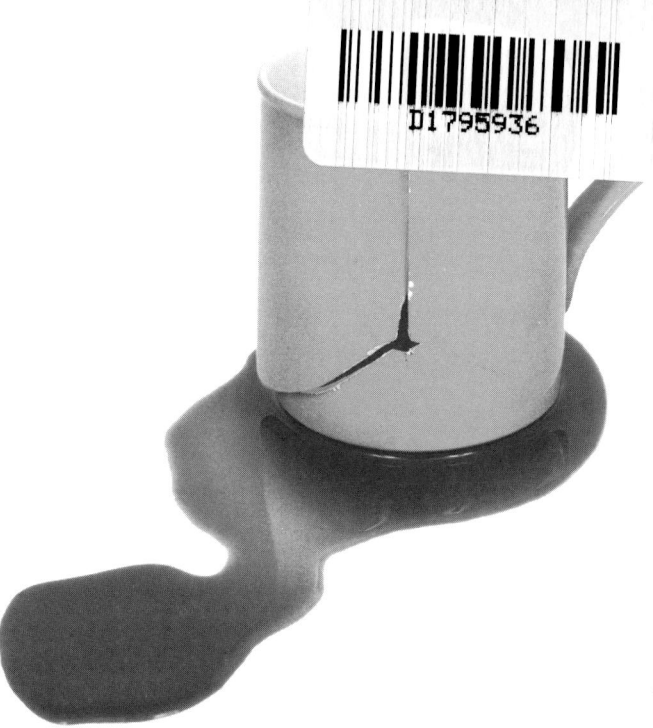

オックスファム・インターナショナル=著
日本フェアトレード委員会=訳
村田武=監訳

筑波書房

目　次

第1章　コーヒー危機

　コーヒー危機が2,500万人にのぼる世界のコーヒー生産者を苦しめている。コーヒーの価格は、30年来の安値に下落し、長期的な見通しも暗い。途上国のコーヒー生産農家はその多くが貧しい小規模農民であって、いまや、生産コストよりはるかに低い値段でコーヒー豆を売っている。コーヒー危機は、長く影響を与えることになるであろう人為災害となりつつある。

　コーヒーに現金収入に頼っている家族は、子どもたち、とくに女の子に学校に行くことをあきらめさせたり、薬代を払えなくなったり、食費を削ったりしている。農家ばかりでなく、生産国の経済も厳しい状態にある。コーヒー業者は廃業し、銀行のなかには経営難に陥る例もある。また、コーヒー輸出に財源を依存している政府は、教育費や公衆衛生のための予算の大幅な削減に直面したり、債務返済資金に窮したりしている。

　もし、グローバリゼーションが貧しい人たちのものであるべきならば──もし、貿易が貧しい人の役に立つべきものならば──、貧しい人々がコーヒー市場の動向によって、現在直面しているような状況に陥ることはなかっただろう。もし、そうであるならばこんな事態にはなってはならないはずである。

危機、いったいどういう危機なのか？

　富める先進国の大きなショッピング街を行くと、コーヒー業界に関するものがいたるところにあるのがわかる。世界的に有名なテレビドラマ・シリーズである「フレンズ」のようなかっこいい友情をアピールしているコーヒーショップが、街の一等地に次々と現れている。本屋やデパートの店内カフェ

では、新鮮なコーヒーの香りが漂い、疲れた買い物客のおしゃべりでいっぱいだ。駅構内のコーヒースタンドでは、エスプレッソやカフェラテ、カプチーノのよさがかっこよく宣伝され、通勤客はカフェインの爽快感を味わっている。

焙煎業者として知られる世界の4大コーヒー会社、クラフト・フーズ社（Kraft Foods）、ネスレ社（Nestlé）、P＆G社（Procter ＆ Gamble）、サラ・リー社（Sara Lee）の業績は好調続きである。これらの4大企業が、世界の主要なコーヒーブランドをもっている。たとえば、マクスウェル・ハウス（Maxwell House）、ネスカフェ（Nescafe）、フォルジャーズ（Folgers）、ダウエ・エフベルツ（Douwe Egberts）である。クラフト社——この会社はタバコ会社であるフィリップ・モリス社の傘下にある——は、2001年に飲料・シリアル・菓子などの販売で10億ドル以上の利益をあげている。ネスレ社のインスタントコーヒー——全世界で毎秒3,900杯が飲まれている——は、ある投資アナリストが言うように、天国のような信じがたい利益をあげている[1]。

コーヒー業界の利益があまりに大きいものだから、何百万人もの農民が黄金の豆を生産しているように見えながら、深刻な貧困に直面していることを知ると、多くの人は衝撃を受ける。オックスファム（Oxfam）がインタビューしたウガンダのコーヒー生産者は、農家の絶望的な状況を次のように述べた。

「みなさんが楽しんでいる飲み物のおかげで、私たちはこんなどうしようもない状態になってしまった。汗水たらして働いても何の利益にもならない。」（ローレンス＝セグヤ、ウガンダ・ムピギ郡、2002年2月）[2]。

世界のコーヒー市場が直面している問題は、途上国がその経済を大きく依存しているほとんどの一次産品の問題を明らかにする典型例となっている。コーヒー危機の解決法を探ることは、グローバリゼーションとそれがつくりだす市場が、貧しい人たちのためになるかどうかを試すことになる。

コーヒーブームが崩れるとき

　途上国世界全般の農民にとって、これまでコーヒーはよりよい未来を築くための作物であった。

　コーヒーは、世界的に取引される一次産品の中にあって、大規模プランテーションではなく、主として農民家族によって営まれる小規模農園で栽培される数少ない作物の一つである。世界のコーヒー豆の70％は10ha未満の小規模農園で生産されており、その大半は1～5haの家族経営の農園である。大規模プランテーションを有するブラジル、インド、ケニアなどの国々においても、数多くの小規模農園生産者が存在する。

　かつて、小規模農園農家は、コーヒーからかなりの利益をあげていた。家族は満足に食べることができ、子どもたちは学校に行き、きちんとした家を構えていた。たとえばタンザニアのキリマンジャロ地方では、コーヒー豆の利益によって、識字率の向上と平均以上の栄養摂取が可能になった[3]。コロンビアでは、コーヒー豆の収入が、学資や、道路など社会資本の整備費用、農民の研修訓練費用に当てられた。また、コーヒーを生産する地域では、その他の地域よりも政情が安定していた。これは何よりもまして、農民たちが相対的に豊かであったことによるところが大きい。

　コーヒー産地は、赤道をはさんだ南北半球の熱帯・亜熱帯地方に広がっている（図1）。その中には、深刻な開発問題を抱えている国も少なくない。コーヒー豆には、主に「ロブスタ」と「アラビカ」という2つの種類がある。ロブスタ種は、その名（robust＝たくましい）のとおり比較的強い種類で、インスタントコーヒーや深煎り用に広く使われている。薫り高く、質のよいアラビカ種は、一般的に標高の高い地域で栽培されている。栽培は比較的難しく、病気にも弱いが、より高値で取引されている。品質の高い豆だけを取引するスペシャルティ・コーヒーの市場で売買されるほか、インスタントコーヒーの香りを出すためのブレンド用に使われる。

　世界の最貧国には、その経済をコーヒー豆の貿易に大きく依存している国

図1 世界のコーヒー生産（2001年）

年間生産量別
コーヒー生産国
□ 100万袋未満
▨ 100〜500万袋
■ 500万袋以上

図2　コーヒーに依存する現金収入
（輸出総額に占めるコーヒー輸出額）（2000年）

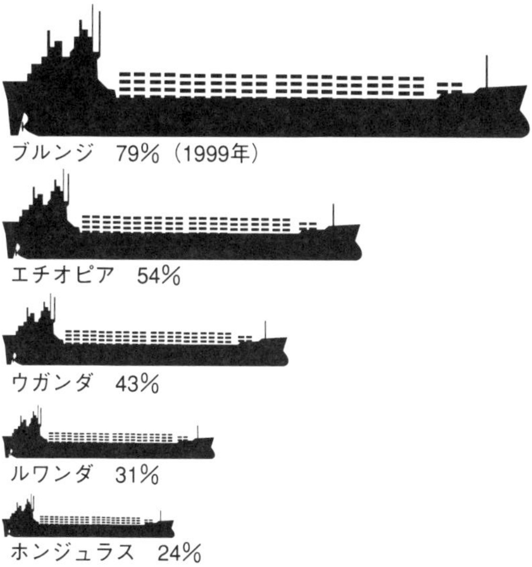

ブルンジ　79%（1999年）

エチオピア　54%

ウガンダ　43%

ルワンダ　31%

ホンジュラス　24%

資料：世界銀行

もある。依存度がとくに高いのはアフリカのいくつかの国である。ウガンダでは、人口の約4分の1がコーヒー産業に従事している。エチオピアでは、輸出収益の50%以上をコーヒー豆が占めている。ブルンジではそれは80%に近い（図2）。また、グアテマラでは人口の7%あまりがコーヒーに生活を依存しており、隣国ホンジュラスでは10%近くにのぼる[4]。中米で2番目に貧しいニカラグアでは、国家歳入の7%はコーヒー関連の収入に依存している[5]。

　国民経済のレベルではコーヒーへの依存度が低い国でも、地域や農村社会のレベルでは大きく依存している場合もある。メキシコの貧しい州、オアハカ、チアパス、ベラクルス、プエブラなどに住む28万人の原住民の農民たちにとっては、コーヒーはやはり重要な作物である。ブラジルでは、コーヒーによる外貨収入は全体の5%にすぎないものの、コーヒー豆の栽培は23～30

万人の農民の生活収入源となり、産業全体として300万人を超える人々が直接関わっている[6]。インドでは300万人がコーヒー産業に従事している[7]。

コーヒー産地の惨状

ロブスタ種、アラビカ種を問わず、農家に支払われる価格は恐ろしいほどに低下した。1997年に急勾配の下落傾向を見せ始めたコーヒー豆の価格は、2001年末には30年来の安値となり、02年7月までほぼその水準で低迷している。この間のインフレーションを考慮すると、コーヒー豆の「実質」価格は劇的に低下し、1960年のわずか25％の水準にある。つまり、同じ額の収入でも、40年前に買えたものの4分の1しか買えなくなっているということである（図3）。これは、おそらくこの100年間に農民に支払われた最低の実質価格である。

ランデル・ミルズ・コンサルタント社は、2001年末時点でのコーヒー価格は、ロブスタ、アラビカともに、生産に要するコスト全体を賄い得るものではないと測定している。ロブスタの場合、変動費（肥料・農薬など直接材料費）にも対応できなくなっている。世界でも最低コストの生産地であるベトナムのダクラク省でオックスファムが行った調査によると、02年始めに生産者が受け取った価格は生産コストの60％ほどでしかなかった[8]。

コーヒー価格の下落によって基本的な生活費さえも賄えない農家にとっては絶望的な状況である。ほとんどの農家にとってはコーヒー豆からの現金が決定的であって、普通は苦しいときをしのぐ貯蓄はない。土地を手放さざるを得なくなったり、出稼ぎのために家族がばらばらになったりすることで、地域社会全体に致命的な打撃を与えている。

「大勢がメキシコに出稼ぎに行っている。3〜4ヶ月前、ある村に8台のトラックがやってきて、メキシコの大農場で働けそうな人たちをみんな連れて行ってしまった。そうやって4〜6ヶ月働くのだ。これは、深刻な家族の崩壊を招いている。」とグアテマラの協同組合「マノス・カンペシーノス」のメンバーであるジェロニモ・ボレンが語っている[9]。

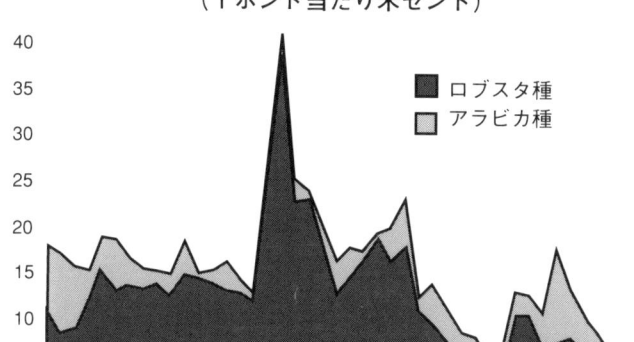

図3 コーヒー豆の実質価格の暴落
（1ポンド当たり米セント）

資料：世界銀行
注：1999年価格を基準にした実質価格
　　2002年に関しては1〜5月の価格

　どうしようもなくなったメキシコやホンジュラスの農民たちは、アメリカ合衆国に逃れることを夢見る。2001年には、メキシコ東部の州ヴェラクルスから運を試そうとやってきたコーヒー農民たち6人が、アリゾナ州の砂漠で遺体となって発見されている[10]。

　熱帯雨林の保護活動を展開するNGOである「レインフォレスト」（熱帯雨林）のセザール・ビラヌエヴァによれば、「コーヒー豆の価格暴落は女性に直接打撃を与えている。家族の中心（男性）の多くが1年のうちの相当期間出稼ぎに行き、あとの農業労働には女性と子どもたちだけが残される。結果として、数多くの子どもたちが学校に通えなくなっている。」コーヒーの収穫の際に日雇い労働者を雇う家族では、女性たちの労働量が増大している。しかし、コーヒー豆の収益が減少した今となっては、労働者を雇うことも難しく、結果として、家族内の女性たちが多くの仕事をせざるを得なくなって

いる。

オックスファムが2002年3月にエチオピアのカッファ州で取材したコーヒー農家のモハンマド・アリ・インドリスは、コーヒー豆の価格暴落にともなう農家への影響を非常にわかりやすく説明してくれた。彼は36歳。死んだ兄の子どもたちを含めて12人家族である。5年あまり前は、コーヒーとトウモロコシを合わせて年間およそ320ドルの収入があった。ところが、2002年はおよそ60ドルの収入しか見込めないという。売るはずだったトウモロコシはすでに家族が食べてしまっていた。

「5〜7年前は、チェリー（収穫したばかりで未処理のコーヒー豆）を7袋生産していた。それで服や薬を買い、必要なサービスを受け、何の問題もなかった。でも、今ではその4倍もの量を売っても必要な経費を賄うことはできない。トウモロコシのための肥料や改良種子を買うのに前に借りたローンを返すためには、牛を売らねばならなくなった。さもなくば刑務所行きだ。」

「このあたりはマラリア汚染地域なので、医療費に多くのお金が必要だ。1年に必ずひとりは家族の誰かが治療を受けに病院に行かなくてはならない。1回の治療につき6ドルかかる。また、テフ（主食となる穀物粉）や塩、砂糖、石けん、それからランプ用に灯油も買わなければならない。学費も払わなくてはならない。前はこれらすべての経費を賄えたが、今はとうてい無理だ。制服代が払えないために、3人の子どもたちは学校に行っていない。テフや食用油を買わないようにして、自分たちで栽培したトウモロコシを食べることにした。子どもたちの皮膚はかさつき始めていて、栄養不良の気が感じられる。」[11]

飢える家族

2002年3月の世界食糧計画（WFP, World Food Programme）の報告によると、ホンジュラスでは干ばつの被害を含めて3万人の人々がコーヒー危機によって飢餓に苦しんでいるという。中には、栄養失調で病院での治療を必要とする子どもたちが数百人もいる[12]。オックスファム・アナリティカ

14

（Oxfam Analytica）は、「干ばつで主食となる穀物の生産に大きな打撃を受けた中米では、とくにグアテマラ北東部では飢餓が日常的で、ＷＦＰは一連の緊急支援計画を重点的に展開せざるを得ない状況となっている」と報告している[13]。

　2002年１月、欧州連合（ＥＵ）とアメリカ国際開発局（ＵＳＡＩＤ）は、エチオピアのコーヒー生産者たちの困窮と飢餓問題の深刻化を警告した。つまり、彼らは財産を売ったり食費を削ったりしていたのである。オックスファムがペルーで取材した生産者は、食費を大幅に削らざるをえないと答えた。ベトナムのダクラク省では、コーヒー豆からの収入に頼っていた最低賃金で働く労働者たちの収入は、いまや「餓死寸前」とされるまでになっている。

　とくに自給用作物の作付面積を削ってコーヒー栽培に多くの耕地を当てている農家にとって、食料不足は深刻である。耕地を自給用作物とコーヒーにどれだけ配分するかは、家族に食料を確保する責任のある女性と、できるだけ現金収入を得ることに必死になる男性との間に大きな亀裂を生むことにもなりかねない。

学校に通えない子どもたち

　オックスファムがベトナム、東アフリカ、ペルーで行った取材では、多くの農民が、コーヒー価格の暴落によって子どもたちに教育を受けさせられないと述べた。

　数多くの人々がコーヒー産業に関わっているウガンダでは、コーヒー危機によって生産者の家族が子どもたちを学校に通わせるのが困難になっている。

　ウガンダのムピギ郡に住むブルーノ・セルゴ（17歳）と彼の弟マイケル（15歳）は、授業料が払えないために２人とも学校を退学せざるを得なくなった。ブルーノは、「学校に行かなければどうしようもない。ここに残って、わずかな量の穀物を育てて生活するしかない。中学校から何度も家に帰された。授業料が払えないとすぐに家に帰されるんだ。今はコーヒーの収穫期な

のに。以前はみんなコーヒーで得たお金を持って学校に戻っていた。でも、今はそんなお金はない。あまりにも安すぎてみんな収穫することさえしない。ぼくたちのコーヒーを買う人たちに、もっといい値段で買ってほしいと思う。ぼくは、学校に戻りたいだけなんだ。」と答えている。

ブルーノの通っていた学校の校長であるパトリック・カヤンジャは次のように説明する。「生徒数はたいへん少ない。できるだけ授業料を安くしようとしているが、払えない保護者が多い。いつもはコーヒーから学費を出すが、今はそれができないのだ。1995年から97年にかけては生徒数が500人の時もあった。3年前には250人になった。昨年は、新学期には140人だったが、年度末には54人になってしまった。農家の状況を考えると、今年は120人を超えることはないだろう。」[14]

医療サービスの悪化

コーヒーからの所得の減少と医療サービスへの要求の増加が合わさって、医療行政に大きな影響が出ている。エチオピアではコーヒーが主要な輸出品で、70万の家族がコーヒー栽培に生計を依存している。何百万人もが所得の一部としてコーヒー産業に関わっているのであって[15]、価格低下にともなう輸出収益の悪化によって、国内で深刻なエイズ問題に関する政府の対策が進まなくなっている。エイズに関する国連の調査機関は、300万人以上のエチオピアの成人（全人口の5％にあたる）がHIVウイルスに感染していると推定している。エチオピアの保健省は2014年までに、国の医療費の30％がHIV感染者やエイズ患者の治療に当てられることになると見通している。

エイズ関連の負担は、コーヒーの歳入でその一部が賄われるはずの国家の医療予算を異常に拡大させ、不安定にさせるだけではない。国家の医療サービスが非常に限られている他の途上国と同じように、患者やその家族は、自己負担で治療や薬の代金を支払わなければならない。

エイズの経済的コストは高い。病気によって生産効率は落ち、治療や薬、葬儀などの費用は大きな負担となる。エチオピアの貧困な農村地方では、こ

れらの費用が平均的な家族の収入の何倍にものぼっている。コーヒーからの収入だけに頼る家族にとっては、それが低下しているので耐えられない状況となっている。女性たちがとくに大きな影響を受けている。病気の家族の面倒をみるという責任の増大と、治療が必要なとき他の家族を優先させがちだからである。

苦しむ季節労働者

コーヒー産業の中で、季節労働者がいちばん貧しく、弱い立場にある。これらの労働者は中小規模（10〜50ha）の農場や、世界のコーヒー豆の30％を生産する大規模なプランテーション（50ha以上）で働いて賃金を得ている。自宅から離れた場所で働くため、自給用に育てた作物で食べ物を補充することもできず、また、簡単に失業することも少なくない。

コーヒー産業に従事する労働者に対してきちんとした労働基準を設定している生産国もあるが、それが一般的だとはいえない。多くの労働者には、労働組合を組織して賃金交渉をするというのは困難である。労働法がある国でも、労働者の権利は無視されたり踏みにじられたりする。一般的に、女性は同じ仕事をしても男性より賃金が低く（ホンジュラスでは、女性の賃金は男性に対して最大30％低い）、児童労働も頻繁である。たとえばケニアでは、コーヒー豆収穫労働に携わっている労働者の3割は15歳未満だ[16]。

世界銀行によると、中米では、コーヒーに携わる約40万人の臨時雇い労働者と20万人の常雇い労働者が今失業しているという[17]。グアテマラでは、季節労働者の大半は、食用油や塩、衣類など生活必需品を購入するために出稼ぎで収穫労働をするインディオたちである。コーヒー価格が暴落する以前にあっても、これらの労働者たちの生活環境は決してよいものではなかった。一般的に、プライバシーのない大きな納屋や長屋で寝起きし、清潔な水や基本的な衛生施設もない。

コーヒー危機によって、多くの人々がどうしようもない状況に追いやられている。グアテマラのコーヒー産地では、失業した単純労働者たちによる農

地の占拠が広がっている。これは小規模生産者が2002年１月に収穫労働者の４分の３を解雇してしまったことによるところが大きい[18]。インドのコーヒー大産地であるカルナタカ州では、過去２年間でプランテーション労働者が20%減少している[19]。

高まる麻薬作物栽培の誘惑

コーヒー危機は開発活動に思わぬ影響を与えている。ペルーやコロンビア、ボリビアでは、コーヒーと、コカインの原料であるコカの栽培条件が非常に似かよっている。何十年もの間、アンデス山脈の国々は、アメリカ政府の「麻薬に対する戦争」の一翼を担うべく、コカイン製造に使われるコカの栽培を停止させる活動に参加するよう、アメリカ合衆国麻薬取締局（US Drug Enforcement Agency）からかなりの圧力をかけられてきた。ところが、コーヒー価格の下落は、コカを他の作物に代えるというこの活動をきわめて危ういものとしているのである。

「人々は、確実にコーヒーの代わりにコカを栽培し始めている。サウチェ地方ではCORAH（麻薬撲滅局）がまだ力を持っているために、コカの栽培地はおそらく隠されている。CORAHはコカ栽培の拡大に追いつくことはできない。経済的にみれば、コーヒーは時間の無駄だ。リスクが大きいのを覚悟で、誰もが少しずつのコカを栽培している。みんなこれには気がついている。結局は、襲撃や強奪などの暴力がはびこる。また、売買春やギャング同士の争いを招く。」（ペルーのサウチェ地方のグイレルモ・ロペス（仮名）による）[20]

国家の財政危機

コーヒー価格の暴落は、生産と直結する農村社会ばかりでなく、もっと大きな規模でも厳しい影響を与えている。コーヒーを栽培するとくに貧困な国々にとっては、開発の危機となっている。地域経済にコーヒー収入による現金が枯渇したことが、いくつかの銀行が破綻した理由のひとつである。中

図4　スイス製アーミーナイフを買うのにどれだけのコーヒーが必要か？

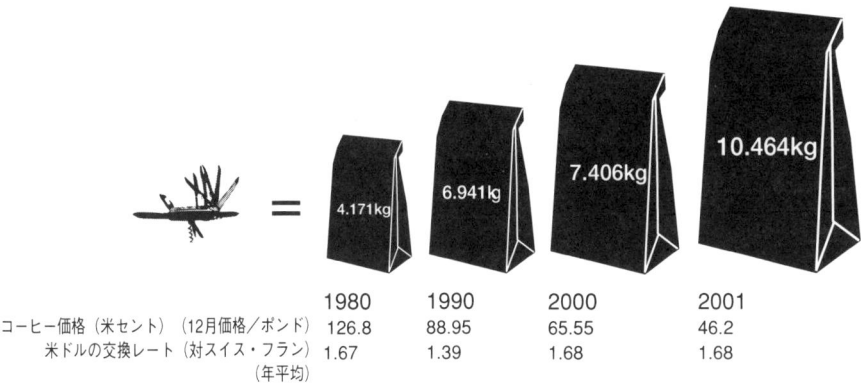

	1980	1990	2000	2001
コーヒー価格（米セント）（12月価格／ポンド）	126.8	88.95	65.55	46.2
米ドルの交換レート（対スイス・フラン）（年平均）	1.67	1.39	1.68	1.68

資料：ガースター・コンサルティング

米では、この危機がそれによってもたらされる収入の減少という意味で、「ハリケーン・ミッチがもう1回やってきた被害」と言われている。これらの国々では、コーヒーの輸出額が1999年度の17億ドルから2000年度の9.38億ドルに、1年で44％も減少したのである。2001年度の予測も暗く、さらに25％減ると見込まれている[21]。

　サハラ以南のアフリカでも同じような状況が広がっている。エチオピアのコーヒー輸出額は、わずか1年間で2.57億ドルから1.49億ドルに、42％下落した[22]。国民のおよそ4分の1が何らかの形でコーヒーに関わっているウガンダでは、2002年7月までの8ヶ月間のコーヒー輸出量は前年とほぼ同じ量であったが、金額ではおよそ30％減少した[23]。

　生産国には二重の呪いがかけられている。輸出額が連年減少する一方で、主な輸入品である工業製品の価格は連動して下がるわけではなく、結果として、交易条件の悪化につながっているのである。図4からわかるように、スイス製のアーミーナイフを買うためには、生産者は今では1980年の2倍以上

19

のコーヒー豆を売らなければならない。さらに悪いことは、国家の債務負担はドル建てである一方で、ドル換算でのコーヒーの輸出額が一貫して低下しているために、返済が追いつかないという事態を招いている。債務負担軽減措置（多重債務最貧国救済措置を含むHIPC Heavily Indebted Poor Countries）は最貧国に利益となろう。しかし、輸出収入の減少はこのような努力の効果を殺ぎ、貧しい国々の財政をどん底にまで突き落とすことになる。

　すでにみたようにエチオピアのコーヒー輸出は、1年間で2.57億ドルから1.49億ドルに減少した[24]。これを2002年について見通すと、この国の債務償還に当てられるべき財源は5,800万ドル（多重債務最貧国救済その他の債務軽減措置に対するもの）にのぼるであろう[25]。ニカラグアのホセ・アウグスト・ナヴァーロ農相は、コーヒー価格の下落が自国にもたらしている悲惨な状況に先立つ大きな課題に、債務返済の重荷をあげている[26]。

　悲劇的なことに、コーヒー栽培は健全な農業部門を育て、必要不可欠な外貨を稼ぐという目的からはほど遠い状態となり、政府は困窮したコーヒー生産者を救うための緊急措置をとらざるをえなくなった。コロンビアでは、生産者に対して7,200万ドルの国内価格助成をおこなった[27]。コスタリカでは、2001年に7,300万ドルの無利子緊急融資を生産者に提供せざるをえなかった[28]。タイでは、政府が2001年度産のコーヒー豆の半分を一定価格で買い取るとしている。この価格は生産コストよりは低いものの、生産者が普通に受け取る額に比べると格段に高いものである[29]。

第2章　危機の原因

　コーヒー市場は、価格の暴落と品質の低下という危機に直面している。生産者にとって、品質の低下は価格低下を意味する。かつて高いプレミア価格であったアラビカ種の豆でもこれを免れることはできない。これは、生産者ばかりでなく、消費者にとってもよいことではない。最終的には、焙煎業者にとってもよくない。この破壊的な状況の背景には、主に4つの要因がある。

a）市場構造の変化：市場の管理が失われ、需給バランスが崩れている
b）市場の支配力の格差：ひどく貧しい生産者と大きな利益をあげる焙煎業者
c）新しい焙煎法・技術：低品質のものが市場に流入するのを可能にする
d）代替作物の欠如：農村開発の困難

市場構造の変化：市場の管理が失われ、需給バランスが崩れている

　市場は深刻な供給過剰の状態である。コーヒー豆の生産量は需要をはるかに超えている。2001年度の消費量1.05～1.06億袋（60kg袋）に対して[30]、生産量は1.15億袋と推定されている（図5）[31]。毎年の消費量の伸び1～1.5％を上回って、供給量は毎年2％ずつ上昇している[32]。こうして毎年の供給過剰による累積在庫は、いまや4,000万袋にのぼると推定されている[33]。もし、2003年度産にあるていど期待されているように、供給量が需要に見合った量になったとしても、この膨大な量の在庫の存在によって、コーヒー豆の価格は依然として低いままであろう。

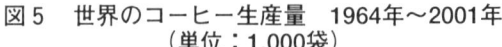

図 5　世界のコーヒー生産量　1964年〜2001年
（単位：1,000袋）

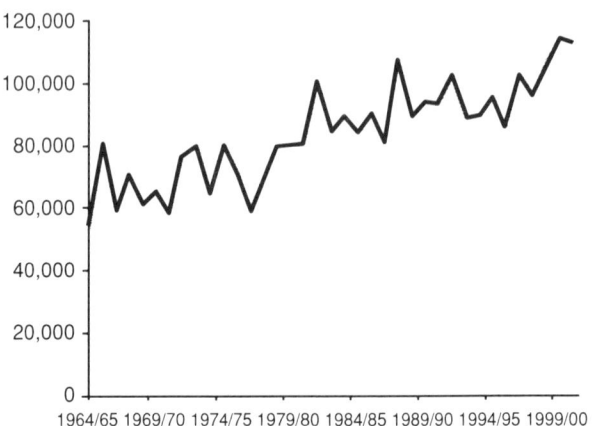

1964/65 1969/70 1974/75 1979/80 1984/85 1989/90 1994/95 1999/00

資料：国際コーヒー機関

　需給バランスが崩れた背景には、３つの理由が考えられる。まず、1989年
に市場管理が機能停止したこと、次いで市場に大規模な新規参入があったこ
と、そして、伝統的にコーヒーを大量に消費してきた西欧諸国における需要
の停滞である。

市場管理の崩壊

　過去15年間にコーヒー市場は大きく変わった。1989年までは、コーヒー豆
は国際コーヒー協定（International Coffee Agreement, ＩＣＡ）によって、
他の一次産品と同じように管理された市場で取り引きされてきた。生産国政
府・消費国政府ともに、生産国に輸出割当量を設定することで、事前に供給
量の水準を合意していた。その目的は、１ポンド（454g）当たり1.2〜1.4ド
ルという「コルセット」と呼ばれる安定価格帯を設けて、コーヒー豆の価格
を比較的高い水準で安定させることにあった。供給過剰を防ぐため、加盟生
産国は「公平に決められた」輸出割当量を超えないことに同意しなければな
らなかった。しかしながら、もし実際の価格が価格帯の上限を超えた場合に

は、需要増に対応して生産国側は割当量を超えて輸出できるとされていた。

　1989年に、加盟国間の摩擦によってICAの機能が破綻した。これは、最終的には脱退することになった米国の反対が大きな要因である。その後ICAそのものは国際コーヒー機関（International Coffee Organisation, ICO）の管理のもとに継承されてはいるものの、輸出割当量や安定価格帯を通じてコーヒー豆の供給を調整するという機能を失っている。コーヒー豆の価格は、ロンドンとニューヨークの二つの大きな先物市場で決定される。それぞれの市場では、種類や品質の異なった豆が取引されている。ロンドン市場はロブスタ種、ニューヨーク市場はアラビカ種の基準価格となっている。コーヒー価格は、実際に売買される現物の量を大幅に超える膨大な先物契約に影響されて変動するのである。

　生産国にとってみれば、ICAは良好かつ安定した価格という黄金時代をもたらした。現在の悲劇的な状況とは大違いである。図6が示すように、1975年から89年にかけて、価格変動は大きかったものの、比較的高い水準で推移し、ICAが定めた価格帯の最低価格である1ポンド当たり1.2ドルを下回ることはまれであった。ところがそれとは大きく異なって、ひとたびICAが破綻し、価格帯が取り払われた1989年直後には、一挙に暴落に見舞われているのである（ブラジルで霜害が発生し不作となった1995年と97年を除く）。そして、価格はずっと低い水準で低迷し、平均的な生産コストを下回るまでになっている。

　ICAの破綻の要因については、多くの指摘がある。より多くの輸出割当量を獲得しようとする生産国間のやっかいな政治的取引があり、新たなコーヒー生産国の市場への参入が難しかった。また、輸出割当量の合意があるにも関わらず、それを超えた量が協定非加盟国に流れ、それが意図された価格や信頼を徐々に掘り崩していった。業界の中には、意図的に高く設定された安定価格帯が過剰生産の温床になったとする意見がある一方で、1994、95年や97年の価格が80年代の水準を超えて高騰したことのほうにむしろ原因があるという意見もある。

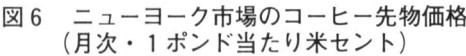

図6　ニューヨーク市場のコーヒー先物価格
（月次・1ポンド当たり米セント）

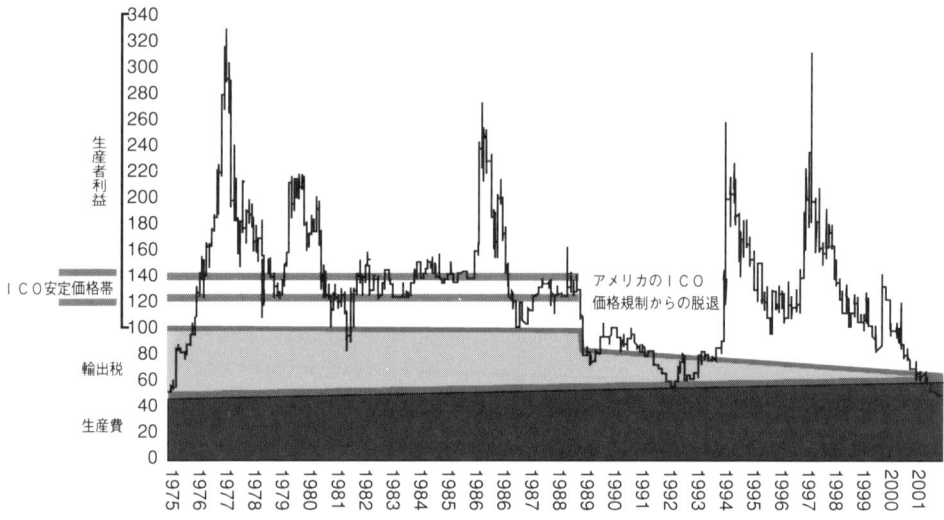

資料：ヴォルカフェ
　　個々の生産者がここに示された「生産者利益」のすべてを受け取るわけではない。中
　　間業者や非効率な市場にかなりの者が吸収されるからである。

　国際コーヒー協定を復活させようという動きを妨げているのは、それを機
能させようとする政治的意志がないことにある。消費国側には協定に参加す
る意志が感じられず、生産国側も貿易ルールを自ら設定する意志に乏しく、
またそれを甘んじて受け入れることもむずかしい。消費国側の協力が得られ
ない中にあっても、生産国側は輸出制限措置をとろうとしたが、それも2001
年には破綻してしまった。しかし、輸出割当量を設定して市場を管理しよう
という意志が欠如していても、市場メカニズムを通じる事態の打開をめざす
場合に、まったく術なしというわけでもない。ICOが最近採用した措置が
それであって、コーヒー豆の品質別に取引量を削減するという事業である。
もちろんこの事業を成功させるには、先進国と焙煎業者の協力が不可欠であ
る。

巨大産地の参入：ブラジルとベトナム

　ブラジルとベトナムが世界のコーヒー豆供給の構造を大きく変化させた。ベトナムは10年前には150万袋しか生産しておらず、コーヒーの世界統計では小さな点にすぎなかった。1990年代になると、ベトナム農業は世界に向かって開かれ、政府は補助金を出してコーヒー栽培を農家に奨励した。そして、2000年には1,500万袋を生産する世界第 2 位の生産国となった。多くは小規模な農家によって栽培されている。

　一方のブラジルは、決して新規参入者というわけではない。ブラジルは長年にわたって世界最大のコーヒー生産国であった。しかし、近年、栽培方法と産地の変化によって生産量が大きく伸びている。機械化と集約的生産方法、伝統的な霜害多発産地からの産地移動などによって、生産量の伸びが著しい。他の国々の輸出量の減少を補てんする形になっているブラジルの豊作が確実と予測されるだけに、供給過剰は止まらないことになる[34]。

　劇的に増加する供給量に加えて、伝統的な生産国に対する影響は深刻である。かつてなく高い生産性の競争に直面している。「違いを示す例を教えよう。グアテマラでは、延べ1,000人以上の人が 1 日働いて275袋（ 1 袋69kg）入りのコンテナひとつできる。一方、ブラジルのセラード地域では、 5 人の人間と 1 台の収穫機械があれば、 2 〜 3 日で同じコンテナをいっぱいにできる。 1 人が機械を運転し、もう 1 人が収穫する。中米の家族農場はこんなのとどうやって競争するっていうんだ。」（コーヒー豆取引会社エフィコ社のパトリック・インスターレ社長[35]）

　世界のコーヒーの生産量を急増させ、結果的に過剰生産となったきっかけは何だったのだろう。ブラジルの霜害によって1994、95年と97年に価格が急騰したことが後押ししてコーヒー市場に多くの国や農家に参入させることになったのは確実である。しかし、生産国においてはこれ以外の要因もある。国家政策や新技術、そして為替相場の変動などもまた重要な影響を与えている。

図7　アメリカ合衆国におけるコーヒー消費量—清涼飲料水へ流れる
（コーヒーと清涼飲料水の消費量）（単位：１人当たりガロン）

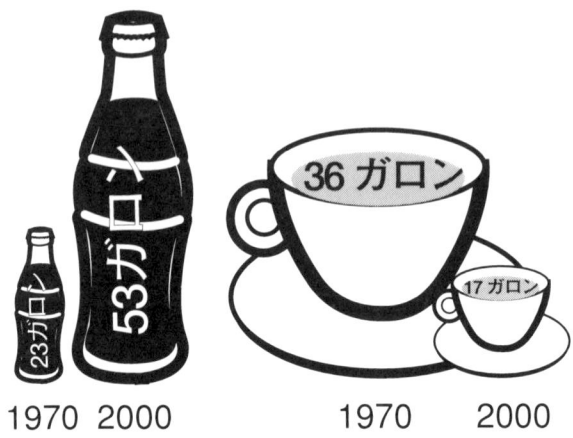

資料：アメリカ農務省。2000年の数値は予測値、コーヒーの数値は３年間の移動平均値。
　　　１ガロン＝3.785リットル。

停滞する需要

　世界で輸出されるコーヒーの半分は、アメリカやドイツ、フランス、日本で消費されている[36]）。

　コーヒー生産が急増する一方で、東欧諸国のような新規市場が拡大しており、かなりの見込みがあるものの、先進国市場の需要は停滞している。コーヒー大会社は、毎年何百万ドルもの資金をコーヒーの宣伝につぎ込んでいるが、豊かな消費者が他の飲料を選ぶのを止めることはできないでいる。図7を見ると、世界一の消費地である米国で、清涼飲料水の伸びに比べるとコーヒーがいかに苦戦しているかが分かる。しかし、これは決して世界全体の動きを示しているわけではない。米国でのシェアが比較的小さいネスレ社は、過去10年間でネスカフェの消費が40％も伸びたとしている。

　供給過剰、生産増、需要停滞が重なって、市場に深刻なアンバランスを生みだしたのであり、需給を再びバランスさせるには、市場のアンバランスを放っておいてよいはずがない。しかし、市場のアンバランスを克服するまで

の間の犠牲は許されない。市場を「すっきりさせる」までの数年間のしのぎ方が、農民にとっては問題なのだ。

市場の支配力の格差：ひどく貧しい生産者と大きな利益をあげる焙煎業者

この危機が続いている間においても、多国籍焙煎企業にとってコーヒーは大きな利益をあげる市場であった。生産国は、全体として、本来得て当然の利益に比べると、はるかに少ない額を受け取ったにすぎない。

- 10年前には、生産国は、ほぼ300億ドルとされるコーヒーの市場価額のうち100億ドル[37]を得ていた。その10年後、生産国が輸出収益として受け取る額は、2倍に拡大した市場規模に対して60億ドル以下にすぎない。すなわち、市場価額のうち生産国の取り分は30％から10％に低下している。
- 現在、コーヒー生産農家の取り分は、コーヒーショップで売られている1杯のコーヒーの値段の1％またはそれ以下にすぎない。スーパーや食品小売店で売られているコーヒー1パックに対しては、およそ6％である。

図8からは、販売される飲料として消費者の手にわたるのは、実際にはきわめてわずかな量のコーヒー豆にすぎないということがよくわかる。1984年には、米国におけるコーヒー豆の小売価格の64％のコストは未精製の豆によるものであった。これは2001年には、18％にまで低下した[38]。取引によっては消費者により有利なものもあるが、全体として、コーヒー豆が最終小売価格に占める割合は低下している。

世界のコーヒー供給チェーンにおいて、支配力の大きなアンバランスがある。まず、あまりにも安いコーヒーの国際価格によって、生産者があらゆる困難に直面している。オックスファムが取材した農民の中には、仲買人が示す額がどんなに安くても受け入れざるを得ず、また、交渉することができたとしても得るところはほとんどないとこぼした人もいた。もし農民が、収穫した豆を出荷前処理（コーヒーチェリーの果肉を除去する）すれば、豆の品

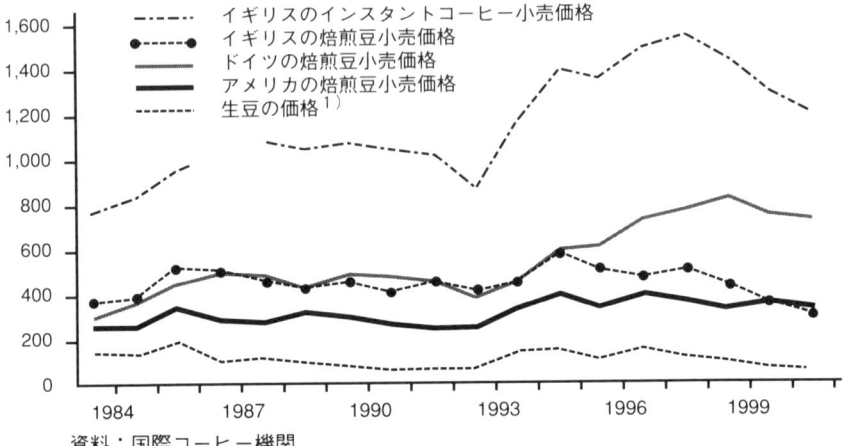

図8　コーヒー価格比較（名目価格）（1984年～2001年）
（1ポンド当たり米セント）

- ‐‐‐　イギリスのインスタントコーヒー小売価格
- ●‐‐‐　イギリスの焙煎豆小売価格
- ───　ドイツの焙煎豆小売価格
- ───　アメリカの焙煎豆小売価格
- ‐‐‐　生豆の価格[1]

資料：国際コーヒー機関
注：1）生豆価格はＩＣＯの複合価格指数。この生豆が国際取引される。

質や「等級」を明示して値段の交渉をすることができる。しかし、チェリー
の状態で出荷すれば、品質は分からないままとなってしまい、その分の上乗
せ利益を得ることができない。

　ペルーでは、コーヒー豆は半加工の「パーチメント」の状態で売られるも
のの、生産者の状況はあまり変わらない。「コーヒー豆はちゃんと乾燥して
いるのに、仲買人は安い値段で買おうとする。どの等級なのかは分からない
が、とにかく、仲買人は、私たちが売らなければならないのを知っているか
ら、強気に出ているのだと思う。」とサウチェ地域の生産者であるカルメ
ラ・ロドリゲスは言っている[39]。協同組合の結成は、農民が厳しい取引条
件から脱するチャンスを与えることが少なくない。彼らによれば、協同組合
には高品質の豆を上乗せ価格で販売することができる。一方、低品質の豆の
取引相手として、仲買人もまた重要であるとも言っている。

　仲買人たちが農民から必死に利ざやを得ようとしても、輸出後の実際の市
場で大きな利ざやを稼いでいるのは焙煎企業である。農民や仲買人たちの収
入減や、あったとしてもほんのわずかな利益とは裏腹に、欧米の焙煎企業は

コーヒーの小売業で大きな利益をあげている。

　オックスファムは、ウガンダでコーヒー業界を取材し、生産者のコーヒー園からイギリスのスーパーの陳列棚に並ぶ容器に入れられるまでに、コーヒーの値段がどうやって付けられていくかを調べた。その結果、生産者が手にする額は、スーパーでの小売価格の2.5％しかないということがわかった。アメリカでは、4.5％ほどのようである。オックスファムでは、コンサルタントに依頼して、ウガンダだけでなく世界各国で生産者が平均的に得ている市場価格に対する利益を評価するために、生産から販売まで一連の価格の例を調べてもらった。その結果、一番安いタイプ、すなわち未処理のコーヒーチェリーで売る場合、どこでも生産者は小売価格のわずか6.5％を受け取るにすぎないことがわかった。この価格例は、それぞれの市場での価格シェアを考慮して、入手できる限り公式の価格データをもとに算出したものである[40]。しかし、この数値は、公式価格データが生産者の受け取る価格を実際のそれよりも大きく見積もっているために、過大評価の可能性が高い。

利益はいったいどこに？：コーヒー豆が店に並ぶまで

　「カンパラのシェラトンホテルでは、コーヒー一杯が60セント、欧州ではその倍はする。いったい何が起きているのか見当もつかない。農民たちにとってはわけがわからない。何で、農民が1kg当たり8セントで売っているキボコ（現地の未処理豆の呼称）が、スプーン一杯で60セントになるんだ？焙煎業者が儲けているのか？　彼らが超人的な利益をあげてるってわけか？まっとうな額を支払ってもらえれば、ウガンダ人は自国に留まることができ、移民になって欧州諸国を困らせることはないんだ。」（オックスファムのウガンダでの調査による）

　これは、多国籍輸出企業ヴォルカフェ（Volcafe）のウガンダでのコーヒー豆の買付けを担当する人物の言葉である。彼は巨大な多国籍企業の従業員ではあるが、その土地の人間として基本的な問いを投げかけている。すなわち、「利益はいったいどこにいくのか」ということである。オックスファム

は、コーヒーの価格についてさまざまな立場の人々に取材するなかで、ウガンダの農家からスーパーの陳列棚に至るまでの間、処理や流通の過程を経て、値段が上がっていく状況を調査した。その結果、焙煎業者の手に渡る段階になったとたん、利ざやが突然拡大することがわかった。

生産者である農民が生豆1kg当たり受け取る額は、未処理の場合14セントである。そして、さまざまな流通業者を経て焙煎業者に渡るとき、その値段は1.64ドルとなる。これが、インスタントコーヒーとしてイギリスのスーパーに並ぶときには26ドル40セントとなる。加工処理などで重量ロスのあることを考慮しても、生産者の庭先から買い物客のかごに入るまでに価格は7,000%以上上がっていることになる。アメリカのスーパーで売られているレギュラーコーヒーに関しては4,000%近く上がっている。（加工処理による重量ロスはインスタントコーヒーの場合は2.6倍、レギュラーコーヒーの場合は1.19倍で計算している。基礎になる数値は生産者が受け取った2種類の価格の低い方の価格である。）

ウガンダのムピギ郡キトゥヌ地区は、首都カンパラから南西に100km、赤道よりほんの少し南にある標高1,200mの地域である。ここは、ヴィクトリア湖の北部と西部に広がる典型的なコーヒー生産地であり、ウガンダ産ロブスタの大半を生産している。

＜生産者：採算が取れない＞

カフルジ夫妻は、キトゥヌの農家で13人の子どもや孫たちと暮らしている。夫妻は、キトゥヌで1945年以来コーヒー栽培で暮らしてきた。オックスファムが2002年2月に取材したとき、夫のピーターは、最近売った豆が彼が知るかぎり一番安かったと答えている。天日干しされたコーヒーチェリー（現地ではキボコと呼ばれる）1kgが6ないし7セントだ

いったい誰がコーヒーの流通過程で儲けているか？
（１kg当たり）（2001年11月〜2002年２月）

（取引価格）　　　（コストと利益）

農家が仲買人にキボコを売る　　0.14ドル
（１kgの生豆価格に相当）

0.05ドル　地元の仲買人の利益
0.05ドル　地元の加工所への
　　　　　輸送コスト・加工コスト・加工所経営者の利益

カンパラの輸出業者に　　0.02ドル　包装費・カンパラまでの輸送費
渡るときの生豆の価格
（平均的な品質の豆）　0.26ドル

0.09ドル　輸出業者のコスト
　　　　　（加工・等級外品選別・税・輸出業者利益）

標準的なロブスタ種の　　0.10ドル　袋詰め費用・輸送費・インド洋に
ＦＯＢ価格　　　　　　　　　　　　面した港までの保険料

0.45ドル

0.07ドル　海上輸送費・保険料

ＣＩＦ価格

0.52ドル

0.11ドル　輸入業者のコスト
　　　　　（陸揚げにかかる経費・焙煎業者までの運賃・輸入業者利益）

工場に渡される価格
（インスタントコーヒーの場合の
重量ロスを計算すると2.6倍）

1.64ドル

イギリスの平均的インスタント
コーヒー小売価格（１kg）

26.40ドル

ＦＯＢ価格は標準的なウガンダ産ロブスタ種等
級15のもの。等級が下がれば価格は下がり、
輸出業者の利益は大きく減少する。小売価格は
ＩＣＯの統計で示された2001年のイギリスで
のインスタントコーヒーのもの。

ったというのだ。「昔は、1kg69セントの時もあった。そんな時には、みんな十分に食べ、何の心配事もなく安心して眠れた。家族を養うことができた。最低でも1kg当たり34セントないとやっていけない。29セントになってしまえば、まともな栽培ができない。」

　妻のサロメが言うには、「もう、うちは破産だ。ぜんぜんうまくいかない。何もかも終わりだ。最低限必要なものさえも買えない。肉も魚も米も食べられない。ただ、芋と豆とマトケ（バナナの果肉やそれを蒸してつぶしたもの）だけだ。子どもたちを学校にやることもできない」。

　キボコは、外皮と果肉を除去すると約半分の重量になり、世界中で取引される生豆の形になる。生産農家にとって、自分で生豆に加工することは経済的に意味のあることであって、多くの農民がそうしてきた。ピーターの場合は、自分のキボコの一部を加工選別業者に良い値で売ることができた。しかし、加工選別業者のところまでの運送料を払えるだけの量を生産しない農家や、自転車で運ぶには遠すぎる農家もいる。このような農民は、地元の仲買人たちに未処理のチェリーを安値で買い取ってもらうしかないのである。

＜加工選別業者：生き残りをかける＞

　マリー・ゴレティは、キトゥス近郊でジャランバコーヒー加工所を10年間経営している。加工所には10人の従業員が雇われているが、コーヒー豆の価格暴落以後、経営は厳しくなっている。「利益はとても少ない、一方、機械を動かすための電気代はとても高い。帳尻を合わせることができない。キボコを持ち込む人がとても少なくなった。あまりにも値段が安いので、農家のなかには出荷せず家に置いているだけの人もいる。もし、このままコーヒー豆の価格が安いままだったら、破産してしまう。たった10袋のためだけに工場を動かすわけにはいかない。」

＜輸出業者：必死でコストのバランスをとる＞

コーヒー豆は、ジャランバからカンパラ
まで100kmをトラックで運ばれ、輸出業者
に売り渡される。ウガコフ社（Ugacof）
の社長ハニングトン・カルハンガは、そん
な輸出業者の1人だ。彼のオフィスの大き
な窓からは、工場全体と輸出を待つコンテ
ナの列が並んでいるのが見える。ハニング
トンは、マウスをクリックしながらコンピ

ュータ画面上に浮かぶパーセンテージや価格を管理している。彼にとっても
売上は上がらない。「輸出業者にとって今や1トンあたり10ドル（1kgあた
り1セント）も利益があればいいほうだ。」彼は、コーヒー豆を品質別に区
分して等級をつけ、洗浄したうえで袋詰めして、ケニアのモンバサかタンザ
ニアのダルエスサラームに向けてトラックで運搬する。彼が受け取る額は、
基本的に輸出価格（積み渡し価格、ＦＯＢ）である。これは、経費を確保す
るのにぎりぎりの額である。「扱っている豆の等級の中には運搬するのも無
駄なものもあって、処分した方がよっぽど安上がりだ。」

＜小売業者：とてつもない儲けをあげる＞

コーヒー供給チェーンの終点を見てみよう。
イギリスの小売店でのインスタントコーヒー
の平均価格は1kg当たり26ドル40セントと、
値段は一挙に跳ね上がっている。もちろん、
この価格には、加工、包装、配送そして販売
などさまざまなコストと、焙煎業者や小売り
業者の利益が含まれている。ウガンダ産コー
ヒーはイギリスではよく飲まれてきたものの、

その消費量は減少しているので、一般的に販売されているコーヒーの中にウガンダ産が含まれているかどうかはっきりとは分からない。しかし、ウガンダのコーヒー豆供給チェーンは、この種類のコーヒー豆の競争的でかなり効率の良い市場の実際的な指標となっている。カフルジ夫妻がチェリーを脱穀して加工選別所に売った場合に受け取るはずだった最高額は、加工による重量ロスを考慮しても2001年の小売価格のおよそ2.5%にすぎなかった。

焙煎企業の力：危機のさなかに巨額の利益

　世界中には、コーヒー生豆を買い入れて焙煎したり、挽いたり、インスタントコーヒーに加工したりする大きな焙煎企業が数多く存在する。その中でもとくにコーヒー業界の巨人であって大きな小売市場シェアをもつのが、クラフト社、ネスレ社、P＆G社、サラ・リー社の4大企業である。これらの企業は、それぞれマクスウェルハウス（Maxwell House）、ネスカフェ（Nescafé）、フォルジャーズ（Folgers）、ダウエ・エフベルツ（Douwe Egberts）などのブランドで製品を販売している。P&G社は主に北米で販売している（図9）。いっぽう、世界で5番目に大きなチボー社（Tchibo）は主にドイツが市場である。

　近年、先進国におけるコーヒーの飲み方にやや変化がみられる。素敵なコーヒーショップがあちこちに出現し、異国情緒あふれるコーヒーの味で消費者を魅惑している（ホワイトチョコレートモカはいかが？　なんてね）。ある調査によると、スペシャルティ・コーヒーの分野は急速に伸び、今や米国コーヒー市場のほぼ40%を占めるという推定もある[41]。しかし、全体の量の問題として考えると、途上国に一番大きな影響を与えるのは、数百万袋の豆を動かしている大規模な焙煎企業である。それらの企業のなかで上にみた5大企業が、世界のコーヒー生豆の約半分を扱っている。

　これらの企業がコーヒーからあげる利益は、その多くが他の食品・飲料子会社の利益と一緒に計上されるために公開されず、明確な額を出すことは困難である。それにも関わらず、アナリストたちの推測によって、なぜこれら

図9　最大手焙煎企業―年間の生豆取扱量（2000年）
（単位:1,000トン）

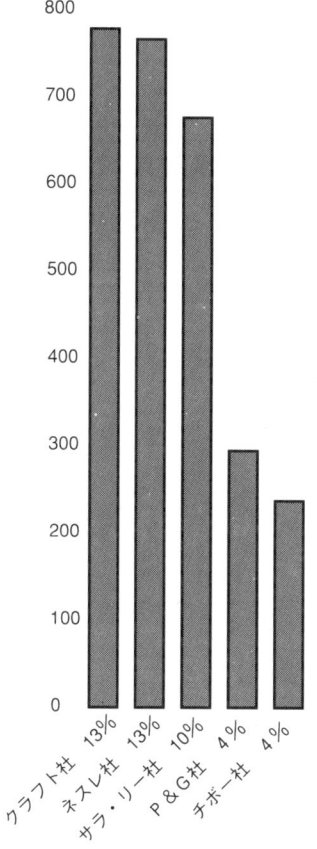

の企業がコーヒービジネスに夢中になるかが分かる。

　２年前に出されたネスレのインスタントコーヒー・ビジネスに関する報告
書は、次のように結論づけている。「マルティン・ルターは人々が天国で実
際に何をするかを考えた。過酷な競争にされされている食品加工ビジネスに
関わる人々にとって、ネスレのインスタントコーヒー事業はルターの精神的
瞑想の商業版である[42]。」

また、ネスレの市場シェア、販売規模、事業利益率にふれて、同じ報告書は次のようにも述べている。「他の食品や飲料とは比べ物にもならないくらい良い。」それによると、ネスレは、インスタントコーヒーを1英国ポンド売り上げるたびに26ペンスの利益を平均的にあげているという[43]。また、別のアナリストは、ネスレのインスタントコーヒー・ビジネスの利益率は世界規模ではさらに高く、30％に近いと指摘する[44]。ネスレにとって、イギリスや日本などの豊かな市場はとくに利益が大きい。

　レギュラーコーヒーはインスタントコーヒーよりは小さいものの、それでもなお大きな利益をあげている。サラ・リー社は、米国市場で苦戦を強いられたものの、2002年には飲料分野で17％近くの高い事業利益率となり、そのほとんどはコーヒーによるものだった[45]。

　他の食品や飲料市場で得られる利益率と比べると、いかにコーヒー事業の利益率がうまみのあるものかがわかる。たとえば、ハイネケン・ビールグループは、2001年に約12％の利益率であった。サラ・リー社が2002年に調理済み肉とソーセージから上げた利益率は10％であった[46]。同社のパン製品の利益率はさらに低く5.5％であった。ダノン社の乳製品・ヨーグルト事業の場合は、2001年に11％だった。これらに比べると、コーヒー、とくにインスタントコーヒーはドル箱である。

　農民が危機に苦しんでいるのに、どうやって焙煎企業はこんなにも利益をあげているのだろう。それは焙煎企業の原料豆の大量購入、ブランドや製品の競争力、コスト管理、ブレンド技術やブレンドの組合わせ能力、さらには原料豆買入れを市況に応じて柔軟にできる資金力などが、大きな利益をあげさせるのである。

○ブランドパワー

　一流のブランド名は、実際の生産コストを大きく上回るプレミアム価格で売ることを可能にする。企業は自社ブランドのイメージを高めるため、毎年何百万もの大金を注ぎ込む。キーノート社の調査によると、たとえばイギリ

スでは、主にネスカフェ、ケンコー（Kenco）、ダウエ・エフベルツなどの
インスタントコーヒー・ブランドの宣伝費用は、1999年で総額6,500万ドル
に達している[47]。焙煎企業は、はっきりしたブランドによって、イメージ
や味で自社製品を特徴づけることができ、価格だけで競争することを避ける
ことができる。

　ブランドによって、焙煎企業は、自社製品を売ってくれる小売店との厳し
い価格交渉でも有利に立てる。まさにブランドの力こそが、両者間の交渉時
間、むずかしさ、また水面下の実態を決めるものである。大きな小売業者、
たとえば一流のスーパーマーケットは、それ自体たいへん強力であって、自
社ブランド商品を開発してコーヒーから利益を獲得してきた。

　業界のデータを見ると、ドイツやフランスなどいくつかの市場では、小売
業者が焙煎業者に価格を抑えるよう圧力をかけていることがわかる。しかし、
トップの4大ないし5大焙煎企業に対して小売業者がかけられる圧力には限
界がある。買い物客たちが焙煎企業のクラシック・ブランドが陳列棚に並ん
でいることを望むからだ。

○コスト管理

　厳しいコスト管理が、焙煎企業に大きな利益をあげさせるもうひとつの要
因である。コスト管理のいくつかは、技術革新と大きな関係がある。たとえ
ば、同量のコーヒー豆からより多くのインスタントコーヒーを製造できれば、
利益率のアップが可能である。

　焙煎企業にとってのコストのもうひとつは、いうまでもなく原材料費であ
る。すなわち、生豆の価格である。しかし、この価格の重要性は、企業によ
って差がある。たとえば、インスタントコーヒーを主に生産・販売するネス
レ社にとって、生豆の価格はレギュラーコーヒーを扱う会社よりも重要度は
低い。このことが、ネスレ社がその製品の製造に必要な工場や技術の開発に
多くの投資をしなければならない理由である。

　この事実がネスレ社をして、いささか驚くべきことだが、自社の事業にと

ってコーヒー豆の価格が安いことにさしたる関心はないと主張させている。価格が安いことは、コストの一部が削減できるということを意味するのではないか。モーガン・スタンレー社のアナリストは、「2001年のコーヒー豆の安値は、おそらく非常に重要だった」と評価している[48]。しかし、ネスレ社は、安値の影響は全体としてみればほとんど意味がないとしている。というのは、レギュラーコーヒーの競争相手ならば豆の価格下落に合わせて小売価格を簡単に大幅引下げできるのに対して、ネスレ社の場合は、インスタントコーヒー工場のような大きな固定費をカバーすることが重要になるからである。「ネスカフェのようなインスタントコーヒーは、コーヒー市場が低価格である場合には、レギュラーコーヒーに対する競争条件は不利である[49]。」これが、ネスレ社が最近、比較的高い水準で安定したコーヒー価格の方が望ましいとする主な理由である（第3章参照）。

　焙煎企業は、コーヒー豆価格の低落によって利益が増えるであろうが、その利益は市場シェア争いをめぐる相互の競争で帳消しになることもありうる。これが意味しているのは、焙煎企業はコスト削減の利益を、消費者に製品の低価格のかたちで引き渡さざるをえないかもしれないということである。サラ・リー社は、2002年度の9ヶ月決算書で、生豆の下落によって製品の小売価格が低下したとしている。その他の問題（販売に要する経費の増加など）といっしょになって、この状況がもたらしたのは、「売上げと経常利益の減少」であった。サラ・リー社にとってこのような逆境でも飲料事業から得られる利益水準が17％もあることからすれば、景気のよいときの状況がどんなにすごいかの想像がつくというものだ。

　○やりやすくなったブレンド

　焙煎企業は、コーヒー豆の在庫を大量に抱えておく必要がなくなっている。国際貿易会社との契約によって、さまざまな種類の豆を比較的短期間に大量に仕入れることができるようになったからである。このことによって、焙煎企業は多様なブレンドを柔軟に作れるようになった。焙煎企業が自社の標準

ブレンド製品を低価格の豆を組み合わせて作り出そうとするにつれて、生産国はさらに困難な状況に追い込まれる。ステファノ・ポンテは、東アフリカにおけるコーヒー市場の分析の中で次のように書いている。「ウガンダ産ロブスタは、主要な焙煎会社の企業戦略の変化にともなって危機に瀕している。国際貿易会社によれば、全体として焙煎業者にはブレンドがやりやすくなっており、豆の産地をそれほど問わなくなっているという[50]。」

○投資が容易になった先物市場

焙煎企業には、原料コストについてのリスクを管理し最小限に抑えるうえできわめてうまいやり方がある。現在の市場価格を支払うのではなく、取引業者と契約して、将来の価格変動にともなうリスクを分散させたり、ヘッジング（相殺すること）したりできるのである。複雑な数学モデルを使って、先物市場が利用でき、6ヶ月から18ヶ月先に購入しようとするコーヒー豆をコンピュータのクリックひとつで今日の価格で契約できる。このような財務管理手段によって、原料購買戦略を駆使することができ、これは、生産者が非常に限定された市場選択しかできないのとはまったく異なっているのである。

新しい栽培技術と加工方法：低品質の豆が市場に流入するのを可能にする

新しい栽培技術や加工方法が、コーヒー豆の品質と生産環境に憂慮すべき影響を与えている。コーヒー豆の品質については、二重の低下が見られる。まず、アラビカ種の栽培から低品質のロブスタ種の栽培への動き、そしてロブスタ種それ自体の品質の低下である。

このような傾向は、生産者や消費者、さらに持続可能なコーヒー栽培にとっても決してよいこととはいえない。そればかりでなく、焙煎業者にとっても、とくに長期的な供給の基礎にも影響を与えるのでよいことではない。このことは、焙煎業者自身もこの問題を認識しており、P＆G社は、「当社の高級コーヒーブランドであるミルストーン（Millstone）は、高品質な豆に

支えられています。あらゆる品質や等級の豆を確実に確保できるか否かは重要な問題です。」としている[51]。ネスレ社の場合も、「現在のような低価格は、コーヒー製品の品質に非常に悪影響を与えている。われわれにとって、自社製品に見合った品質の豆を確保するのが非常に困難になっている」としている[52]。

新焙煎技術：最後の豆まで搾り出す

焙煎企業は、コーヒーの品質低下への懸念の声をあげている。しかし、彼らは新技術を開発し、低品質・低価格の豆の苦味を隠すことができるようになった。結果として、以前は使用を避けていた豆を自社製品にブレンドすることが可能になった。これは、1997年にアラビカ種の価格が急騰した際に、安いロブスタ種を何とか利用しようとしたことから促進された。

「焙煎企業は、蒸すことで強い苦味を克服し、天日干しアラビカ種[53]やロブスタ種をより多く使用できるようになった。」[54]

業界関係者は、この変化の重要性をよく認識している。「ヨーロッパ大陸や北米において、競争が激化するとともに低品質・低価格のコーヒー豆（例：ベトナム産）の使用が増えたことは明らかに消費国の責任である」と、コーヒー豆商社ヴォルカフェのポール・ミューラーはコーヒー危機の分析の中で述べている。ある業界関係のアナリストは、コーヒーの各種ブレンドに占めるロブスタ種の割合は過去5年間に35％から40％にアップしたと推定している（もっとも、サラ・リー社はこのような見解に対して異議を唱えているが）。

コーヒーの味が国全体で変わってしまった場合もある。以前、ドイツの輸入コーヒー豆のほとんどは水洗アラビカ種だったが、この10年ほどの間にロブスタ種や天日干しアラビカ種が大量に輸入されるようになった[55]。ロブスタ種の輸入増加に対して、輸入業者のベルンハルト・ベネッケは「ブレンドにロブスタの割合を増やさずにはいられないくらい魅力が大きい」と言っている[56]。

　単にロブスタ種が増えているだけではない。生豆の品質自体が大きく低下
しているのだ。コーヒー豆の買取業者は、以前にも増して低価格の豆を求め
る傾向にある。たとえば、ウガンダの状況は次のようなものである。「ブラ
ックビーン（未成熟で収穫された豆）などの場合、自由化が訪れるまでは輸
出することは決してなかった。これらの豆は、以前は廃棄処分になっていた。
すると今度は、当時取引していたのと同じヨーロッパの業者がやってきて、
『ブラックビーンを利用することになった』と言った。しかし、ウガンダで
はブラックビーンは輸出対象外の品質の豆だったため、大臣に輸出可能なも
のとして加えてもらわなければならなかった。そして、新たに大臣の輸出許
可を求め、新しい輸出基準を作らざるを得なかった。」（ウガンダコーヒー開
発局評議会幹部のウィリアム・ナッガガによる[57]）

　アメリカ合衆国を本拠地とするコーヒー輸入業者によると、クラフト社の
流通部門であるタロカ社（Taloca）は、2001年におけるベトナム産コーヒー
の最大の買入企業である。昨年、タロカ社は120万袋近いベトナム産コーヒ
ーを仕入れ、もう一つの大手商社ノイマン社（Neumann）を抜いた。

　クラフト社は品質の重要性については十分に認識しており、「コーヒーの
生産はハイレベル、需要は停滞という世界情勢にあって、貿易の割合が高い
市場としては、品質がこれまでにもまして重要になってくる」としている[58]。
同社はベトナムで見られる品質問題に関してもかなり手厳しく、「品質と生
産環境に関する深刻な問題が、（ベトナムの）コーヒー生産の全ての段階で
見られる」事実に注目している。

　このような問題は、豆を成熟度合いに関係なく房ごとこそぎ取るようにし
て収穫する「ストリップ・ピッキング」と呼ばれる方法に起因している。
「ロブスタ種の収穫ではストリップ・ピッキングが一般的であるために、未
熟な豆の混入度合いが高く、適切な乾燥度にすることがむずかしくなり、ま
た多くの時間を要する」とされている。ベトナムの高温多湿の気候がさらに
状態を悪化させる。結果として、クラフト社が指摘するように、これは「コ
ーヒーカップの中身の低下」につながる。さらに、ここ数年間は「黄葉病」

と呼ばれる病気が流行し、大きな問題となった。これは、国内のいくつかの地域で確認され、肥料の過剰投与が原因であるとされている。クラフト社によれば、ベトナムの生産農家における乾燥技術が不完全であるために、輸出前に再度、乾燥しなおさなければならない。「（再乾燥は）薪や石炭、また時にはゴムタイヤを使って行う。ゴムタイヤの場合には豆に不快なゴムの臭いが吸収されることがある」

クラフト社はベトナムで品質向上計画を開発したが、それはロブスタ種の生産地域（例：ダクラク省）を対象にしたものではない。そのような地域では、「生産地域が広範囲にまたがり、問題の広がりや、すでに社会資本整備計画が決定済みのために、成功する可能性が低いにも関わらず、多額の資金が必要になる」からである。クラフト社とその関連業者が力を入れているのは、品質のより高いアラビカ種である[59]。

多すぎるロブスタ種と少なすぎるアラビカ種

ベトナムがコーヒー大生産国になったことで、世界のコーヒー生産全体がロブスタ種のほうに傾いている。ベトナムで生産されるのが圧倒的にロブスタ種であることによる。しかし、このことだけが原因ではない。ブラジルはこれまで主としてアラビカ種の産地であったが、過去10年間にロブスタ種の生産が倍増し、1,100万袋近くになっている[60]。

皮肉なことだが、コーヒー市場がロブスタで水浸しになる一方で、高品質のアラビカ種の供給は実際には押されつつある。市場の主流には絶望的に値段を下げている安い豆がありすぎる一方で、ほんの少量の高品質豆がスペシャルティ・コーヒー市場で取引されているという状態である。図10によると、アラビカ種の供給は実際に減り、供給全体にしめる割合でも低下している[61]。

ロブスタ種の集約的生産の増加によって、とくに小規模コーヒー生産農家などの貧しい人たちが深刻な打撃を受けている。ロブスタ種には産地によって品種の違いがある（たとえば、ベトナム産はインド産と異なる）ものの、

図10　ロブスタの台頭とアラビカの後退
（世界の生産量に占める割合：％）

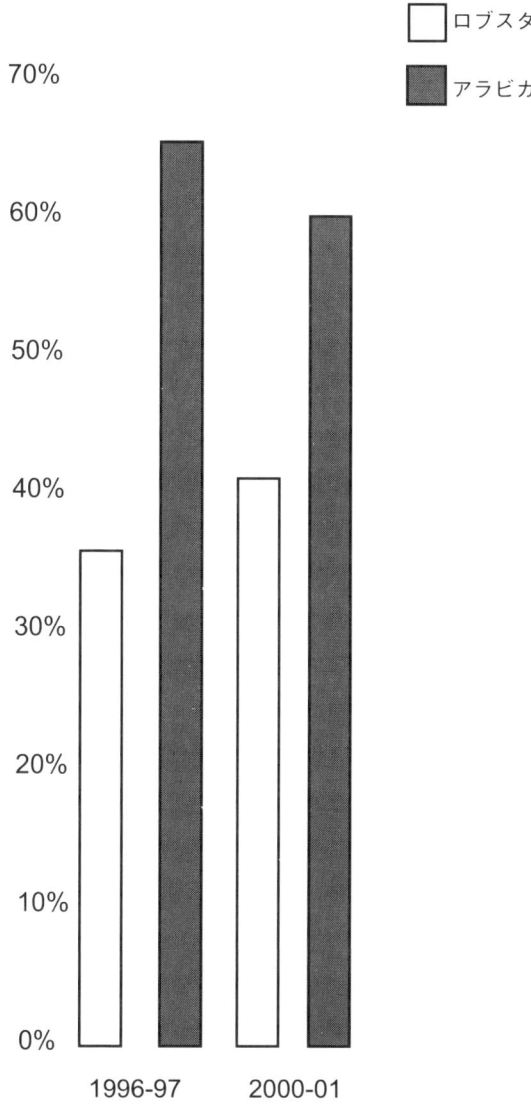

資料：ＩＣＯ・ＡＣＰＣ

その差異は消費者や大手業者によっては評価されない。この点でアラビカ種とは大きく異なる。アラビカ種の場合には、消費者はエチオピア、コロンビア、コスタリカ産などに高い金を払うのである。

　結果として、ロブスタ種の生産者はますます価格競争を強いられる。したがって、ベトナムやブラジルに比べて面積当たりの収量が小さいサハラ以南のアフリカでは、最も基本的な生産コストさえも賄えないという事態が発生する。また、一般により収益的なアラビカ種に転換することも簡単にはできない。アラビカ種は、標高の高い地域でしか栽培できず、また農民の多くはその栽培に必要な技術や資本を持たないからである。

集約的な栽培技術によって品質と地力が低下

　生産者側の競争が激化する中で、より集約的なコーヒー栽培技術が導入されるようになり、品質の低下と生産環境の悪化が進んでいる。

　コーヒー農園では、伝統的に成熟した豆だけを収穫するという厳しい品質管理に基づいた選択的な収穫方法がとられてきた。しかし、価格の低下にともない、ストリップ・ピッキングや末期収穫が一般的になってきた。コーヒーチェリー1粒ずつではなく、房ごとこそぎ取るようにして収穫するストリップ・ピッキングでは、成熟豆と未成熟豆が混じる。収穫回数を減らし、コストを削減する目的で行われる末期収穫では、ブラックビーンや腐敗豆が混入し、かびを生やす原因となる。

　集約的技術は、コーヒーの長期的な持続的栽培に悪影響を与える。多くの国々では、コーヒーノキは日陰樹木の間に植栽され、他の食料作物や現金作物と混植するという方法が伝統的にとられてきた。このような栽培環境は、土壌や森林を保全するだけでなく、局地的な気候の維持にもつながる。中米では、渡り鳥の重要な生息地となっている。集約化によって、生産量を高めるため日陰樹木のない直射日光下の単一栽培という環境になり、農薬や化学肥料の使用によって高い生産力を持つ生長の早い矮性交配品種の導入が進んでいる。たとえばブラジルでは、栽培密度や栽培方法に関する政府の規制が

解除された[62]）。コーヒーノキの植栽密度はずっと高くなっており、伝統的に 1 haあたり900～1,200本であったのが、5,000～8,000本になっている。多くの生産国で、より大量に、より低コストで生産するためにこの方法が導入されている[63]）。

　科学団体であるCABIコモディティーズはこのような変化を認め、「成長の早い矮性交配品種は、肥料投下量に応じて高い収量を期待することができる。さび病に強い品種は、生産資材コストの削減につながる。直射日光下の栽培は収量増をもたらす。そして、機械化によって、ブラジルでは霜害の発生しやすい人口稠密地域から、北方の霜の害がなく人口の少ない地域でのコーヒー生産が可能になった。これらはみな、最近起きた変化である。とくに中米では、集約的生産方法が、世界的な集約化の一環として、支援国によって導入されている[64]）。」

　集約的農業によって今までにない収量が得られる一方で、それが持続可能かどうかについて疑問だとする人々が少なくないし、生産量の基準として目標にすべきではないという声もある。

他に術なし：一次産品の暴落と農村開発の失敗

　貧しいコーヒー生産農民は苦しんでいる。コーヒー以外の作物に転換するためのコストは大きく、生産者たちは他の方法を採る術がない。これは、一部は国際的な援助団体や政府による農村開発や農業の多角化の推進についての失敗、また一部はＥＵやアメリカの保護主義的政策によって、途上国の農民たちがその他の農産物から利益を得ることが難しくなっていることに起因する。つまり、あまりにも多くの人々が、非常に狭い選択肢に頼らざるを得ないということである。それに加えて、コーヒー生産者たちは他のすべての農民たちと同じように、農村地域の未開発という長期的な問題に悩まされている。交通機関の未整備、信用制度の欠如、そして、市場への直接的なアクセスがきわめて限定されており、したがってまた期待できるはずの価格についての情報も不十分ということだ。

コーヒーに代わる換金作物がない

　一次産品への依存から脱却する多角化を求める声が何十年にもわたって続いてきたにもかかわらず、多くの国では実現していない。たとえば、サハラ以南のアフリカでは、20年前よりもさらに一次産品への依存度が高まっている[65]。これは、すべてのレベルで政策が大失敗してきたことの結果である。

　生産者が基本的なニーズに応じきれないような価格でコーヒー豆を売りつづけることは、経済的に非合理的と映るかもしれないが、実際はまったく合理的なのである。まず第1に、コーヒーを他の作物に切り替えるための費用は高額である。もし、その土地が他の作物、たとえばカカオに適していたとしても、生産者はその栽培についての知識や技術に乏しく、また、収穫できるようになるまでの期間を食いつなぐだけの経済的余裕もない。

　第2に、魅力的な代替作物がほとんどない。コーヒー生産者たちは、この気まぐれな作物に所得のすべてを頼ることの危険をよくわかっている。だからこそ小規模生産者の大半は、コーヒーを自給作物やその他の換金作物と混植したり、鶏や牛を飼ったりしているのである。しかし、そうやって育てた作物や家畜を売る国内市場は、あまりに小規模で、あまりに低い価格であるために、コーヒーによって得ていた収入に代わるものとはならない。つまり、コーヒーに代わる作物を栽培したとしても、利益はコーヒーと同じように低く、むしろもっと低いものとなるのである。エチオピアのジンマのコーヒー生産者アバリャ・アバドゥラは次のように言っている。「3年前には、トウモロコシから年間105ドルの収入があった。去年は35ドルだ。」重要な穀物であるトウモロコシの価格は、過去5年間で60％低下したとみられている。「コーヒー豆の価格が下がったせいで、みんなトウモロコシを買う余裕がないからだ」と、アバリャはその関連性を説明した[66]。

暴落する一次産品への依存

　コーヒーだけが危機に瀕しているわけではない。砂糖や米、綿花などのよ

46

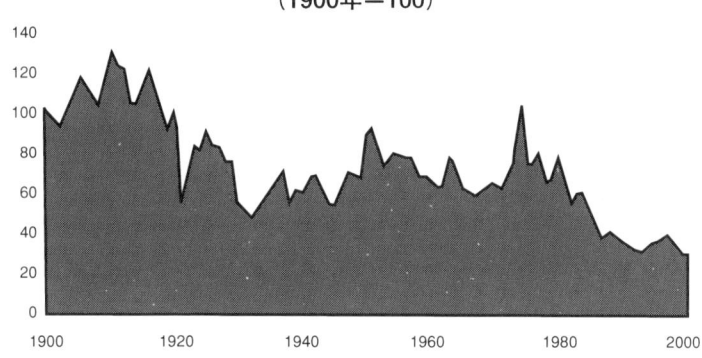

図11　一次産品の実質価格（原油を除く）
（1900年＝100）

資料：世界銀行

うな一次産品の多くが、生産力の上昇と競争の激化で過剰供給となり、長期的な価格の下落に直面している（図11）。コーヒーと同じように、これらの一次産品の多くは変動の激しい価格の浮き沈みにあっている。

　この長期的な価格の下落によって、生産者たちから代替作物が奪われているばかりではない。国民経済の衰退にもつながっている。一次産品に対する国民経済の依存度が高ければ高いほど、国家財政に対する価格下落の影響はより甚大となる。サハラ以南のアフリカでは、17カ国が原油以外の一次産品に輸出収益の75％を依存しており、一次産品に対する依存度は高まっている[67]。これらの国々の多くは依然として重い対外債務を抱えており、返済能力は徐々に弱まっている。

　世界銀行とIMFは、あらゆる低所得国に対して、構造調整貸付けを利用する「画一的な」やり方を押しつけて、状況を悪化させてきた。この方式は、輸出主導の経済成長を実現し、貿易障壁の自由化、為替レートの引下げ、国営企業の民営化などによって外国からの投資を促進することを重視したものであり、基本的に各国が自国の「比較優位」部門を育てるという自由市場の状態への移行である。しかし、この方式が貧しい人々に与えるであろう直接

的な影響については、ほとんど注意が払われていない。

　歴史的に、最貧国は一次産品の生産に依存してきた。そして、多くの場合、自由化と比較優位の重視は、その依存率をさらに高めてきたのである。それと同時に、完全な自由市場をめざす動きのもとでの関税や国内産業支持の撤廃によって、国家が「下流部門」を多角化したり、付加価値のより大きい産業企業を育てたりすることがますます難しくなっている。新産業の導入促進や保護は、世界銀行やＩＭＦの強い反発にあう。たとえば、水産加工などの戦略的輸出産業を促進し、この幼稚産業を保護しようとするウガンダの計画は、「世界銀行やＩＭＦ指導部の嘲笑の的となった」[68]。

あまりにも低い価値

　生産国で行われるコーヒーの加工・包装はきわめて限られている。つまり、生産国は、コーヒー豆の持つ価値のほんのわずかの部分しか獲得していない。2000年度に途上国から輸出されたコーヒー豆の94％は生豆（焙煎前の豆）だった。残りの６％の焙煎豆のほとんどはブラジルやインド、コロンビア産だった[69]。

　付加価値が小さいというコーヒーの問題は、他の多くの一次産品にもつきまとう。ＦＡＯの一次産品に関する専門家委員会によると、他のものに比べてコーヒーは、「価格に占める生産者の取り分は異常に少なく、それは高度に集中化された加工セクターをもつ一次産品のなかでも最低となっている。したがって、その市場構造は調査が必要となる重要な分野である。市場に関する情報提供の改善は、一次産品輸出国の取引上の立場を向上させる一つの方法と考えられる」と結論づけられている[70]。

　生産国でコーヒー加工を促進することは、利益を大きくするために必要不可欠である。しかし、ほとんどの国でそれに対する障害は大きい。レギュラーコーヒーの加工施設はそれほどでないが、インスタントコーヒー加工工場の建設費は、レギュラーコーヒー加工の場合よりも2,000万ドルの追加が必要である。たとえ生産国における加工がやれそうな場合も、製品種類別にパ

ッケージする機械施設がその国で生産されていない場合には別の問題がもちあがる。もうひとつのやり方としては、多国籍企業に生産国への投資を促すことである。しかし、ネスレ社を除くほとんどの会社はそうしようとはしない（サラ・リー社もブラジルに進出し、巨大な購入企業であるが）。米国やヨーロッパに配置したきわめて生産性の高い加工工場は、サンク・コスト（撤退しても回収できないコスト）であり、同時に最終消費者に近接している（一定のコーヒーの種類では重要な要件である）。

　流通の段階でも障壁は高い。ほとんどのコーヒーはさまざま産地のコーヒー豆のブレンドでできている。生産国どうしの貿易上のつながりは一般的に弱く、このことが独自の地域ブレンドコーヒーの開発の障害になっている。現在ある途上国のブランドは、一般的に知名度が低く、流通過程で競争力を持たない。また、大手の焙煎業者と小売業者との間の長年にわたって培われてきた関係を打ち壊すのはたいへんむずかしい。しかし、不可能ではない。ブラジルの有名コーヒー「サボール・デ・ミナス」（Sabor de Minas）の輸出業者であるイズマエル・アンドラーデは、ウォルマートやカルフールを含むいくつかの世界最大の小売チェーンでの販路拡大に成功してきた[71]。

　他の多くの農産物とは異なって、コーヒー生産国にとって先進国の輸入関税はさほど大きな問題ではない。たとえば、米国に輸入される加工済みコーヒーは、レギュラーかインスタントかを問わず輸入関税はかからない。ＥＵは、アフリカ全土とカリブ海諸国、太平洋諸国、そして一部のラテンアメリカ（コロンビア、エルサルバドル、グアテマラ、ホンジュラス、ニカラグアを含む）からの加工済みコーヒーは、無税としている。しかし、インドやベトナム、東ティモールなどその他の貧困国は、インスタントに3.1％、レギュラーに2.6％の関税が賦課されており、ブラジルとタイは、インスタントコーヒーに最大９％の関税を支払わなければならない[72]。

　国際的な貿易業者は、生産国での事業をしだいに活発化させている。焙煎業者は、異なる産地の豆を短期間のうちに大量に供給するよう貿易業者に要求する。ステファノ・ポンテによると、このことによって貿易業者の仕事の

内容が大きく変化したという。「いろんな産地の、何種類ものコーヒーを継続的に確実に供給する必要から、貿易業者は、市場の自由化の結果としてとうぜん起こり得る事態よりももっと深く生産国と関わることになった[73]。」

外国からの投資に対する規制緩和にともなって、国際貿易業者は生産国国内に子会社を設置するか、生産者と直接取引をしている。ときに珍しくはあるが、貿易業者自らがコーヒー農園を所有することもある。貿易業者のなかには、大手の焙煎業者と非常に密接な関係を持っているものもある。ペルーの輸出会社フンタ・ナショナル・デ・カフェのロレンソ・カスティリョは、次のようにこのような変化を認めている。「多国籍企業はコストを抑えたい。それには、彼らと生産者との間の中間業者を減らしたい。一番狙われるのが輸出業者である。生産者をひきつけるのは融資してやるぞというさそいだ[74]。」

地元の加工選別業者、仲買人、そして国内の比較的大きな貿易会社も、苦境を乗り越えるための資金を国際証券取引所で獲得するなどできないために、宙ぶらりんの状態で苦しんでいる。あるヨーロッパの貿易業者によると、ウガンダでは過去10年間に、輸出業者の数が150社から20社に激減したという。そして、廃業に追い込まれた企業の大半は地元の企業である。

こうした事態は、より資本力があり国際的な競争力のある業者が入り込む余地を生んだ。ステファノ・ポンテによると、タンザニアでは、多国籍企業は「直接の子会社を通じて輸出量の半分以上を、残りの大半も地元企業との融資協定で押さえている」[75]。問題は、危機によって重要な地元企業の土台が蝕まれる一方で、国際貿易会社が手にする利益は先進工業国に逆流してしまうということだ。

農村開発の失敗

国際コーヒー市場の規制緩和は、多くの生産国におけるIMFや世界銀行によって押しつけられた国内市場の自由化を反映したものでもある。多くの場合において独占的な買いつけを行った準国営コーヒー企業は、徐々に解体

されたり、民営化されたりしている。コーヒーに対する税金や賦課金は引き下げられ、コーヒー生産に関する国家介入は軽減された。とくに貿易や輸出の分野においては、外国からの投資や所有に関する多くの規制が撤廃されている。

　規制緩和によって、農民はあるていどの利益を得る。多くの国では、彼らは輸出価格に対する取り分が増えた。クリストファー・ギルバート教授は次のように説明する。「自由化によって、流通過程におけるコストが削減され、輸出価格に対する生産者の取り分は上昇している。また、このような事態は、多くの場合、税金その他の賦課金の引下げと連動しており、小作料を抑制することにもなったことにもよる[76]。」しかし、全体としてのコーヒー価格暴落のもとでは、これにともなう利益もたいして重要ではなくなってしまう。

　それと同時に、生産者たちは規制緩和にともなう有害な結果にも見舞われている。行政サービスがなくなってしまった地域では、市場はまともに開かれなくなってしまう。これは低迷する一次産品については驚くにあたらない。農民が市場の気まぐれにかつてないほどさらされている時にあっては、支援サービスの縮小やそれに代わる援助手段の欠如が重なって、ますます不安定な立場となり、結果として低品質の豆しか生産できず、市場ではさらに弱い立場におかれることになる。

不十分な規制

　専門家のなかには、コーヒー生産に対する規制の緩和によって、とくに多くの手間と資材を必要とするアラビカ種についての品質低下が起こると指摘するものもいる。

　クリストファー・ギルバート教授によると、「市場のあり方の問題は、アラビカ種の生産においては、ロブスタ種におけるよりもさらに重要である。完全な自由化は（アラビカ種の）品質に確実に悪影響を与える。最高級のアラビカ種は、ある一定の規制が守られている国々で生産されている（コロンビア、コスタリカ、ケニア）。私の考えでは、アラビカ種の生産者は、しっ

かりした協同組合方式（ケニア）、または政府団体（コロンビア）との協働によって最高品質の豆を生産できると思う。自主的な規制が必要不可欠である。」ということだ[77]。

農民組織や労働者組織が攻撃されている

規制緩和措置によって得られるはずの利益が期待通りになるかどうかは、支援機関や組織に負うところが大きいのであるが、そういう組織は存在しない。支援サービスが縮小されたばかりでなく、新たに市場にアクセスする小規模農家の能力を高めるはずの市民社会組織も弱体化している。

エチオピアからの最近の調査によると、自立した農民の協同組合がうまく運営されることによって、コーヒーの最低基準価格の設定に重要な役割を担うことができることが証明された。協同組合によって、仲買人を飛び越え、より価格の高い輸出市場と直結することもできる。結果として、個々の農民にはより高い収入が入り、また地域の重要な公共サービスへの投資も可能となる。このような組織の編成を支援する公共政策は、女性の協同組合への参加を規制すると、女性が組合員として享受できるはずの利益を得る機会を減らすことになるという事実を踏まえるべきである。

非常に少ない情報

多くの農民は、市況から新しい収穫技術にいたるまでのさまざまな情報の不足に悩まされており、それがまた自分の生産するコーヒー豆の品質と価格を低下させている。ウガンダコーヒー開発局（ＵＣＤＡ）は、かつては８つのラジオ局でコーヒー豆の価格を放送していたが、現在は価格下落もあって停止されている。当局は再開を検討しているが、それまでの間に生産者たちは貴重な情報を逃してしまう。ホンジュラス・コーヒー研究所は、農民がコーヒー価格の値上がりの際、意図的にその機会を失わされていると報告している[78]。エチオピアでも同じである。輸出業者たちは、2002年4月に価格が上がったのを知っていたものの[79]、生産者は価格回復の分け前に預かる

ことはなく、知らされてもいなかった。

あまりにも少ない技術指導と支援

　収量をあげ、価値を高めるためには技術的な知識が不可欠である。研究によると、アフリカの生産国のなかには、小規模生産者の収量が非常に低く、1 ha当たり500kg未満といったところもある。これに比べて、ベトナムでは1 ha当たり平均1,500〜2,000kgである。この差は、アフリカでは手間や資材のかけ具合の問題だけによるのではなく、剪定や除草、マルチ（土壌水分の蒸発防止や霜害を防ぐための根囲い）などの知識があるかないかということにもよる。いくつかの国々では、改良普及サービスの縮小によって、適期の病害虫防除がなされず、病害が深刻になっている。生産者が品質の良いチェリーを生産する方法や、基本的な加工段階での品質の向上方法について知らないなどの技術的知識の欠如も品質を低下させることになる。

不良債務、新規融資ゼロ

　価格暴落によって、多くの農民は借金の返済ができなくなってしまった。ベトナムのコーヒー生産者についての調査によると、60％以上の農家が多額の負債を抱えているという[80]。借金を返済する必要があるので、生産者は価格が上がるのを待てず、取引業者の言い値を受け入れざるをえない。ペルーのサウチェ出身で56歳の生産者カルメラ・ロドリゲスは、「世間話では、ときにタラポトやマヨバンバ、ハエンでは高く売れるということは聞く。でもそんなところまで（コーヒー豆を）持っていくのはむずかしい。それに、借金のせいで値があがるまで持っておくこともできない。そんな余裕はないのだ」と、言っている[81]。

　返済不能の多額の借金によって、新たな貸付けが縮小している。たしかに、多くの国で地域内融資は枯渇している。協同組合が資金に行き詰まると、生産者たちは地元の取引業者に頼らざるをえなくなる。エチオピアのコーヒー農家モハメド・インドリスによると、「協同組合がコーヒー豆を買い入れて

くれるので、価格は高い水準に保つことができる。去年は、経営不振で協同組合はチェリーを買い入れることができなかった。民間取引業者は、このことに気づいたとたん価格を1kg当たり11セントから6セントに引き下げた[82]。」

　貸付けしてもらえないので、生産者はとくにつらい収穫前の数ヶ月間を過ごすことになる。収穫予定のコーヒーを担保に食料を前借りする生産者もいる。また、土地を抵当に入れる者もいる（もっとも、必ずしもすべての生産者が不動産権利証書を持っているというわけではないのだが）。その他の生産者たちには、家財道具を売る道しか残されていない。女性は、土地所有制度が女性の土地所有権を認めていないことが多いので、とくに不利な立場にある。このことによって、女性への貸付けがいっそう困難になっている。

弱い農村のインフラ

　多くの国では、農村地域の輸送交通機関の整備が永らく放置されてきたために、輸送経費のアップを招いている。未加工のチェリーを地元の加工選別所に運ばねばならない小規模な農民は、まとめて運搬するだけの量を生産できるわけではないので、とくに深刻である。もしまとめて運搬されたとしても、1kg当たりのコストは広い道路で運搬されるのに比べるとはるかに高い。ウガンダにおけるオックスファムの研究によると、生産地から地元の加工所までの15kmの1袋当たり輸送費は、加工所から首都カンパラまでの100kmの輸送費より高い。

　道路が整備されていないことは、生産者に大きな負担となっている。「私はアヴェリオス・アスエゴといいます。グアテマラの有機コーヒー豆の小生産者です。私の話をお聞きください。私たちは、村から舗装された道路まで4時間も歩かなければなりません。このことによって、私たちがいかに近代社会から離れた存在であるかを実感いただけるでしょう。そして、そこから車でさらに3時間です。道路がきちんと整備されていないので、ガタゴトととても不安定で危険な道中です。コーヒー豆を売る場所までに3時間もかか

るんです[83]）。」

　乾燥用のテーブルや加工選別機などの基本的な設備を使えないことで、生産者が提供する豆の品質は低いものになる。多くの小規模農家は豆を天日干しにする。しかし、天日乾燥用テーブルを持たなかったり、その作り方を知らなかったりすると、単に土の上に広げて乾かすだけとなる。アラビカ種のチェリーは、収穫後できるかぎり短時間に加工されなければならない。しかし、もし小規模の加工場が地域になければ、小規模農家は距離のある加工場に運搬するにはある程度まとまった量の豆を収穫する必要があり、その時間の遅れによってチェリーにかびを生えさせることもある。

減少する援助と二重の基準：生産者は支援国に裏切られている

　コーヒー危機の深刻化の直接の責任は、途上国を支援する先進諸国にあるといえる。まず、農村地域の開発に対する投資を大いに無視し、次いで、二重の基準の設定によって事態を悪化させている。つまり一方では途上国を自由化させ、他方では途上国を先進国市場から締め出すための保護貿易主義を依然として利用しながら、途上国の生産者にはごくわずかの一次産品しか選択肢がないようにしてきた。その結果は、途上国の農業の発展機会に対する明らかな裏切りである。

　世界の最貧国の何百万もの農民たちにとって不可欠な農村地域開発に対する援助は、図12に示されているように次第に先細りになっている。ＯＥＣＤは、ＯＥＣＤ加盟国自身が合意を破っていると指摘している。「すでに80年代前半の時点で停滞していた農業支援は、85年から年平均７％ずつ減少している。結果として、農業支援は80年代前半の17％から、90年代の終りには８％に低下した。一般的に、その減少の原因は一部ＯＤＡの削減によるところもあるが、しかし、支援国の政策重点分野の転換（農業や製造業からサービス業へ）によるところが大きい。はっきりしているのは、1990年代の貧困撲滅計画で農業が対象にならなかったことも、要因のひとつであること

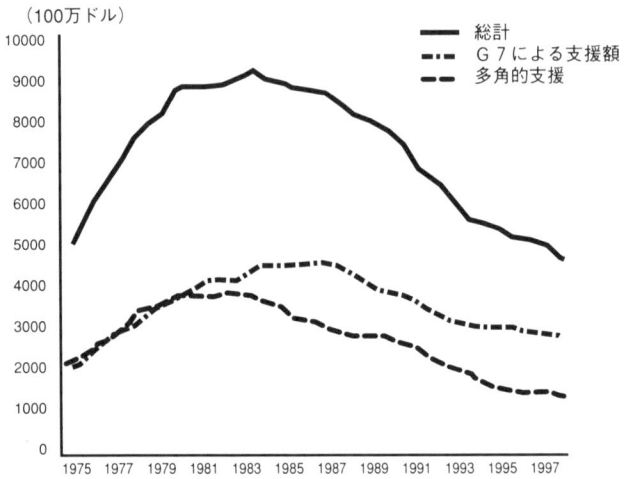

図12　農業への支援額の減少（1973年〜2000年）
（1999年価格を基準にした５年移動平均実質額）

（100万ドル）

凡例：
- 総計
- Ｇ７による支援額
- 多角的支援

資料：ＣＲＳおよびＤＡＣ統計

だ84)。」

　多くの貧しい人たちが農業に生活を頼っている状況にあっては、農業援助が後退していることはたいへんな問題である。「ＯＥＣＤの推定によると、いまや、政府開発援助（ＯＤＡ）の農業分野への援助資金は全体の８％にすぎない。４分の３を占める貧しい人たちを、８％で支援しているというのだ。」と、国連の国際農業開発基金（ＩＦＡＤ）代表のレナート・ベイジは指摘している85)。

　このところ、先進国は貿易についての二重基準をもとに、きわめて手際のよい対応をしている。アメリカの新農業法案は言語道断な実例である。2000年に、先進諸国は国内の農業経営に2,450億ドルにのぼる補助を行った86)。先進国の現在の生産拡大指向の農業補助は、途上国の貧しい農民に絶望的な影響を与えている。というのは、そのような補助が市場をゆがめ、先進国の生産者が世界市場で低価格で生産物を販売することを可能にしているから

だ。貧しい農民たちはそのような不公平な条件では競争に勝てない。

　先進諸国は、途上国の輸出収入のほとんどを占める農産物や労働集約的工業製品に対して関税障壁を課してもいる。対途上国輸入関税は、年間430億ドルにおよんでいる[87]。

　先進国の不公平な国内農業補助と輸入関税は、コーヒー生産者に影響を与えている。生産者たちが転換できる作物の選択肢が限定され、それゆえに一次産品全体の問題の一つとなっている。ウォールストリート・ジャーナル紙のニカラグアに関する次の記事は、ポイントを突いている。「他の作物の栽培に転換しようとするコーヒー農家もいる。しかし、落花生やゴマの生産者たちの状況を知って躊躇している。それらの作物の生産者たちは、ワシントンからの寛大な補助金を得ている米国の農民と競争しようとした結果、いまや破産寸前の状態にあるからだ[88]。」

　サハラ以南のアフリカの国々が一番深刻な影響を受けている。それらの国の政府は、「新しいアフリカ開発のための連帯」（ＮＥＰＡＤ）の行動計画を打ち出している。しかし、これまでのところ、先進国からの反応には失望させられる。

第3章　ニッチ・マーケット
打開策になるか？　いやいや、みんなにとってというわけでは

　主要な市場での価格下落とは対照的に、ニッチ（すきま市場。高収益の見込みのある特定市場分野のこと）ないし「スペシャルティ・コーヒー」（プレミア価格で売られる新しいタイプのコーヒー）の市場は一人勝ちの状態である。この業界の販売業者は、産地である国を目立たせたり、特殊であることを強調したり、有機栽培、日陰樹木栽培、さらにフェアトレード運動と関わりのあることを示すなどで、コーヒーの特徴づけを行っている。この市場に販売できる農民は、ずっと良い値で取引できている。

　このような新たな市場を生み出すことになった先駆者は、昔からの焙煎企業ではなく、西洋の消費者には身近なラテやカプチーノ、エスプレッソなどを売るコーヒーショップであった。そのような大規模チェーンの一つであるスターバックス社は、新たな社会的かつ環境基準を満たした農民からしか原料を仕入れないこと、購入する生豆の74％は固定した長期契約価格で購入することを宣言し、それによって、2002年については安定性と先の見通しを農民たちに保証するとしている。これについて興味深いのは、コーヒーの品質を保証するのためにこのようなやり方が必要だと主張しているこの業界が、投資家たちによって推奨され、受け入れられてきたということである。消費者にとって重要なのは、この方法から小農民が利益を得られるかどうかということだろう。

　生産国の協同組合が、消費国のスペシャルティ・コーヒー業者や小売店と協力して、コーヒーの売買のあり方を変えようとする動きがあちこちで起こっている。ニカラグアでは、最近、２つの小規模農場がインターネットのオ

ークションを通して、高級アラビカ種を1ポンドあたり11.75ドルで販売した。ニューヨーク市場価格のほぼ23倍である[89]。このような高級コーヒーを開発し、それについての情報を宣伝するうえで重要であるのは、高品質に高価格で報いることのできる競争力を確保することである。

品質が良ければプレミアムつきの良い価格で売れるということは、低価格・低品質のわなからの脱出策を求めている生産者や国々にとって、たいへん魅力的なニッチ・マーケットである。

苦しい状況から逃れようとしている人々にとって、しばしば希望の目標としていくつかの成功例が紹介される。しかし、政府や業界は、すべての人たちが同じ目標に向かうことを奨励することで生じる危険性についても、しっかりと認識しなければならない。ニッチ・マーケットは、商品が殺到したり、消費が足並みをそろえて伸びないということになると、特別の社会的地位を失い、高価格を払うことがむずかしくなろう。

フェアトレード：希望の光

「コーヒーに関しては、フェアトレード運動は、消費者の高品質の製品を求める気持ちを損なうことなく、生産者たちが現在の絶望的な低価格の2倍は支払ってもらえることをはっきりと示した。」（国際コーヒー機関・事業部長パブロ・デュボワ）

現在の状況のもとで、フェアトレードは多くの生産者にとって生命線となっている。フェアトレードは、利益を求めるものの、仕入先の生産者の生活向上というはっきりした発展目標を保持する商業活動を生み出すことになった。フェアトレードの中心には、生産者に対してコストをまかなう安定した公平な価格を支払うという基本的な原則がある。たとえばアラビカ種の生産農民は市場価格の2倍以上の1.26ドル（1ポンド当たり）を現在受け取っている[90]。

フェアトレードコーヒーの第1号は、1973年にグアテマラの小農民協同組合からオランダに輸入されたものである。それから30年後の現在では、67万

5,000人の生産者からなる200近い協同組合と、70社を超える貿易業者、350社にのぼるコーヒー会社が、国際フェアトレード表示機構（Fairtrade Labelling Organisations International, ＦＬＯ）の基準に沿って、生産者が適切な報酬を受け取るのを保証するやり方で事業を行なっている。

　フェアトレードは、経営の管理方法や生産者の組織化のために協同組合を採用すべきことを強調しながら、コーヒーの生産から加工流通にいたるすべての人々に対して、透明な交易条件にもとづいて事業を行ない、適切な生産環境の確保するとともに、同時に貧困な農民を市場から遠ざけている主要な問題と取り組むことを求めている。そのなかには、生産者組織が負債に陥らないようにするための一部事前支払い制の注文や、生産者間の相互協定を利用するプレミアム価格の支払い、生産者が長期的な生産計画を立てられるようにする契約、国際労働機関（ＩＬＯ）の基準に適った労働環境にもとづく社会的・環境的条件の保証などの基準が含まれる。

　ＦＬＯのコーヒー表示に関する基準は任意の事業であって、ブランド所有権者にブランド使用許可料が支払われる。農民に対して適正な条件が保証されているかどうかは、当該国の団体と協力するＦＬＯによって監視されている。他方で、マックス・ハヴェラール（Max Havelaar）（オランダ、ベルギー、フランス、スイス、デンマーク）、トランスフェアUSA（TransFair USA）（北アメリカ）、さらにフェアトレード基金（Fairtrade Foundation）（イギリス）などの団体は、それぞれの消費市場で独自の認定表示を行なっている。

　フェアトレードは、基本的なニーズにふさわしい価格でコーヒーを販売することを可能にしたことで、農民の生活にきわめて重要な影響を与えた。エチオピアのオロミヤ・コーヒー農民協同組合では、農民たちはフェアトレードで販売されるコーヒーの輸出価格の70%を受け取ることができる。いっぽう、一般市場でコーヒー豆を売っている同国のカッファ州ジンマ地域の農民の取り分は30%であった。

　フェアトレード市場で販売するペルーのバグア・グランデ協同組合のフェ

リペ・フアマンによると、「トゥイン（Twin）やカフェダイレクト（Cafédirect）との提携を始めてから、われわれのコーヒー価格は改善し、これによってコーヒー生産者家族の生活条件も良くなった。これが、われわれが得たもっとも喜ばしいものであり、感謝するものだ。」価格の向上は確かに大きい。しかし、ある研究によると、農民の組織がつくられたという間接的な利益のほうがより重要であろう91)。

　第2に、フェアトレードは環境に対しても良い影響を与える。小規模農家や持続可能な生産技術を重視するため、フェアトレードコーヒーの大部分は、サン・グロウン（日陰樹木のない栽培方法）より生物多様性の面で優れたシェイド・グロウン（日陰樹木のある栽培方法）だということになる。加工の第一段階で出るコーヒーパルプは、マルチ用に使われ、土壌の酸素不足を防ぎ、河川の汚染を防止する。

　第3に、フェアトレードコーヒーは、コーヒー大企業に対して良いビジネスの例として圧力をかけることができる。主流のコーヒー市場に豆を供給する生産者が生産コストをまかなえないような金額しか払ってもらえていないという事実を間接的に浮かび上がらせることで、フェアトレード運動の存在それ自体が、消費者の感受性からすると問題のある製品を販売する企業のイメージを危険にさらさせることになるのである。

　クラフト社が認識しているように、「1990年代の初め以降、『フェアトレード』や『自然にやさしい』といったさまざまな表示でコーヒーを提供する活発な貿易団体がたいへん増えている。つまり、倫理的な問題と一般のコーヒー業界は競争させられている。製品自体はまだまだだが、『フェアに取り引きされている』べきだという要求が、規模は小さくとも伝統的なコーヒー業界全体に重大なイメージ問題を生じさせている。92)」

　当初、コーヒー会社の主流は、とくに「フェアトレード」という言葉に異議をとなえていた。なぜならば、それ以外の製品は不公平（アンフェア）に取引されているかのように聞こえるからだ。ネスレ社は、これまでに「フェアトレード」の指摘に反論するためのパンフレットを作りさえしてきた。し

かし、これは「もう勝てないなら、仲間になってしまえ」という姿勢に変わり、わずかな量ではあるがフェアトレードの生産者から仕入れるか、市場価格に上乗せした価格を支払うという形に変化してきている。

どの会社も、そのフェアトレード部門については、需要に限りがあるとして小さいままにしている。しかし、主要なブランドをもつ会社は、需要は開発・拡大できることを良く知っている。もし選択できるのなら、消費者はますます倫理的にレベルの高いほうを選ぶだろう。世界中で、コーヒー全体の消費量の伸びは2001年には1.5%であったのに比べると、フェアトレードコーヒーの販売額は12%も伸びたのである[93]。

フェアトレードのレギュラーコーヒーは、いまやイギリスのレギュラーコーヒー市場の7%余り、コーヒー市場全体では2%を占めている。オックスファムが出資している代表的なフェアトレードブランドであるカフェダイレクトは、イギリスのコーヒー市場で第6位にあり、イタリアコーヒーのブランドであるラヴァッツァよりずっと上位にある[94]。過去3年間、アメリカでは140社以上の会社が、全国の推定1万店舗以上の小売店でフェアトレード認証製品を販売するようになり、2001年だけでフェアトレードコーヒー市場は36%も拡大したのである。

フェアトレードに対する主要な批判は、高い価格によって他の作物の栽培に転換したほうがよい農民たちをコーヒー生産に引きとどめ、長期的な供給過剰をもたらすと信じている経済学者によるものである。オックスファムは、フェアトレードが主流になれるかどうかに関わらず、他の選択肢がなく、貧しい生産者たちに対する政府の救済措置がない状況にあっては、フェアトレードのような支援は完全に正当なものであるし、厳しい自由市場に人間の尊厳をかけて対抗するには最適な試みだと信じている。

もちろんそれが成功したとしても、フェアトレードだけでは危機に対する解決策にはならない。需給の不均衡はしつこいものだからである。これは、主流の企業がフェアトレードコーヒーの購入にもっと力を入れることができないということではない。コーヒー会社にはそれが可能であるし、そうする

べきである。つまり、これが意味しているのは、主流の市場における現行の
アンバランスな状況に対しても幅広い対応が求められているということであ
る。

高価格のスペシャルティ・ブランド

　いくつかの生産国は、国内産または地域特産の高品質コーヒーをブランド
化し、それをうまく普及させて、ニッチ・マーケットを獲得している。ジャ
マイカはブルーマウンテンを、インドはモンスーンド・マラバールという非
常に高く評価されているブランドを開発した。この点において、コロンビア
もまた大きな成功例の一つである。生産者に対する改良普及サービスととも
に、マーケティングへの巨額の投資によって、高品質コーヒーがフアン・バ
ルデスやカフェ・デ・コロンビアといったブランド名でプレミアム価格で売
られている。しかしこのような成功例の場合でも、なお苦しい状況にある。
コーヒーによる収入が次第に減少するなかで、コロンビアのコーヒー当局は
フアン・バルデスのマーケティング費用を削減しなければならないからだ。

同じ目標に向かって？

　高価格市場をめざす生産者を支援する活動は、道理にかなったものである。
高価格市場が先進国で成長している市場のひとつであるからだ。しかしなが
ら、生産国と消費国双方の企業と政府は、このことは全体の解決策の一部に
すぎないことをきちんと理解していなくてはならない。

　貧しい生産者のすべてが高価格のアラビカ種スペシャルティ・コーヒー市
場に参入できるというわけではない。もし、あまりにも多くの生産者がこの
部門に参入しようとしたら、ニッチ市場としての高価格を維持する力が失わ
れてしまうだろう。スペシャルティ・コーヒー市場だけで生産者を支援しよ
うというのは、何百万人もの農民に影響を与えている構造的な問題の解決に
はならない。同じ目標に皆が走ってしまうことの問題（経済学では「構成の
虚構」という。個々の経済主体にとっては賢明な行動であることが、国や全

体にとってはしばしば無意味であることがあることをいう。）は、何十年にもわたって一次産品の生産には折り紙付きだったもので、これまで国際機関の取組みも成功していない。

世界銀行やＩＭＦは、コーヒー生産国に対して生産の増加が国際価格にもたらす影響について適切な忠告をしてこなかったことで、ここでもコーヒー危機に関係している。世界銀行は、世界中の一次産品の価格を追跡し、予測する部門を持っているが[95]、その予測は一貫してあまりに楽観的であり、生産国に市場が好転するという間違った情報を与えてしまうのである。世界銀行とＩＭＦは、2000年から2001年にかけての一次産品価格の低下による輸出収入の減少が、重債務最貧国24カ国のＧＤＰの1.5～2％に匹敵するという報告を行っている[96]。それと同時に、世界銀行とＩＭＦは、このような一次産品価格の暴落で痛手をこうむっている国々が債務償還ができるように、経済支援国からの追加援助を求めている。支援国は、ただちに経済援助を開始すべきだ。

それに加えて、債務国政府に対して過剰生産にともなうリスクや不利益を忠告し、代替戦略を提示することがこれら国際金融機関の中心的役割である。だが、世界銀行やIMFは、これに一貫して失敗してきた。たとえばブルンジは輸出収益の80％がコーヒーによるものであるが、世界銀行がこのほどまとめた報告書では、いたるところでリスクのあることにふれながら[97]、別の個所ではコーヒーを「成長の源」とするなど、この国のコーヒーへの依存が大きすぎることの危険性を明らかにすることに失敗している[98]。

同じように、エチオピアに関してＩＭＦと世界銀行が作成した「貧困撲滅戦略中間報告」というスタッフの合同評価報告書では、エチオピア政府の「農業開発を基礎にした工業化」計画の欠如について指摘しながら、コーヒーにあまりに依存した経済の問題を提起していないのである[99]。

言い訳は通用しない

大手焙煎業者は、低価格・低品質というコーヒー市場がはまっている深い

溝に明らかに対応できていない。これは確実に各企業のビジネスリスクの中心問題となっている。品質や環境問題に関して、問題ごとに限定された動きを始めている企業もあるが、この危機と取り組むうえで必要な活動としては規模が小さすぎる。世界貿易機関（WTO）の次期交渉で、先進国の企業や政府が、直接投資の「新しい問題」や競争ルールについて示している政治的なエネルギーの大きさとの差があまりに大きい。

　ネスレ社だけは、コーヒー供給を管理するための協調的・国際的な取組みの必要性を主張している。「生産者ばかりでなくネスレ社自身にとっても好ましくないので、ネスレ社は低価格に反対する。……ネスレ社は、よりよく管理された供給や価格変動の激しさを抑えること、生産者の生活を守り、消費拡大につながる価格帯の枠内にコーヒー価格を維持することを目的とした活動を支援する。これには、国際コーヒー協定と同様の取決めが含まれる[100]。」

　全ての企業が、生産者の窮状に対応する責任があることをなかなか認識できておらず、いまだにその責任を否定する場合もある。2002年2月には、アメリカ合衆国の全米コーヒー協会が「国際的な解決法を探る」をテーマとする世界サミットの組織化にかなり手間取っている。このサミットでは、問題に対応するために業界が考慮すべき8つの選択肢が示された。それには、作物の多角化についての農民教育、焙煎業者が自主的な長期契約を結ぶ方式を採用すること、消費者にとってのアクセス・利便性・品質選択の改善などが含まれる。しかし、明らかにサミット全体に事態の緊急さが理解されていなかった。これら8つの選択肢のなかの3つに優先順位をつける理事会の開催に3ヶ月もかかったのである。

　確かに簡単な解決法はないであろう。しかし、事態が複雑であることは怠慢の言い訳にはならない。世界銀行の警告によれば、「多くの人々によって予測されているように、現在の状況が続けば、コーヒー危機は幅広い社会的・環境的危機につながる可能性がある[101]。」これを防ぐには、コーヒー貿易の中で主要な役割を演じている関係者と、開発の重要性を問題にできる

機関の参加による一致した国際協力の努力が必要である。異なる立場の人々は、異なってはいるが相互補完的な役割を担うことができる。もっとも重要なことは、世界のコーヒー取引の主役を担っている大手貿易会社や大手焙煎企業が、いつ参加せざるをえなくなるかということだ。

第4章　危機からの脱出──行動戦略

　貧しい人々に役に立つコーヒー市場のためのオックスファムの構想は、5
つの活動分野への多くの人々の参加を求めるものである。
　・需要と供給のバランスを取り戻す
　・品質を回復させ、生産性を引き上げる
　・価格を上げ、生活を取り戻す
　・付加価値を高めるための能力を保持し、高める
　・農村開発のためのもうひとつの真の対応策を築き上げる

　窮状を抜け出すための緊急の活動が求められているが、市場のバランスが
回復するまでの過渡期に、生産者を支えるためには、新しくかつ長期的な政
策とその実行もまた必要である。
　各国政府や国際諸機関は、ただちにコーヒー危機に対して動かなければな
らない。コーヒーや一次産品の価格下落が重大な貿易問題であるとする主張
に対して、政治的な支援を活発にする必要がある。たとえ無秩序状態にある
コーヒー市場が本来WTOの問題ではないにしてもである。また、先進諸国
に対して、投資やサービスにかけるのと同じぐらいの熱心さを、この議論に
対しても持つよう求めなければならない。それに加えて、貿易関係機関は、
巨大コーヒー企業に対しては、企業の社会的責任を果たし、危機打開のため
の役割を自らが担うことによって明らかにされる自己利益を求めるよう、圧
力をかける必要がある。

需要と供給のバランスを取り戻す

　直ちに取り組むべき優先課題として、各国政府と企業は、現在輸入国の在庫となっている500万袋の低品質コーヒー豆の処分のために、資金を投入するようにしなければならない。これにはおよそ１億ドルが必要だろう。国際コーヒー機関の経済アナリストによると、このような行動は市場に対して直ちにシグナルとなって、2000年度の平均価格の20％アップにつながるだろうということだ。すなわち、７億ドルから８億ドルの追加輸出収益がコーヒー生産国に入ることになる[102]。

　焙煎企業は、自分たちに可能だといっている以上の役割を担うことができる。つまり、コーヒー市場の拡大と発展である。この分野に関する焙煎企業のこれまでの取り組みは情けないものであった。アメリカのような先進国の飲料市場でのシェアの大幅減退にあっても、あぐらをかいてきた。アメリカやヨーロッパなどの伝統的な市場でのシェア争いよりも、むしろ新たな消費需要を開拓するためにもっと努力できるはずである。

　もっと長期的な視点から見ると、需給関係をこれほどアンバランスにするのを防ぐための新たな市場メカニズムを開発するうえで、立場の異なる多くの人々のいっそうの協力が必要となっている。そのためには、全ての関係者の合意を実現する国際的なリーダーシップが求められる。その結果として得られる合意には、供給管理のための市場介入も含まれなければならない。

品質を回復させ、生産性を引き上げる

　品質の回復は、コーヒー豆の価値を回復させるための主要問題である。国際的なレベルでの危機に対処するもっとも重要な提案は、「国際コーヒー機関品質改善計画」であり、それはある一定の品質を下回るコーヒーの輸出停止を狙ったもので、2002年末までの実施が見込まれている。

　もし、この計画が確実に実施されたとすると、国際市場に出回っているコーヒーの３ないし５％が削減され、結果として、現在の低品質化をもたらす

破壊的な動きを食い止めることができる。計画の実施には、とくに貧しい生産者たちに与える影響の調査に資金が必要である。また、とくに生産技術に劣る農民や国内市場が狭隘な国などの貧しい生産者のために、支援が確実に行われる必要があろう。

　小規模農家は、大規模で機械化されたプランテーションよりもていねいに完熟チェリーを収穫でき、かなり良質のコーヒーを生産する能力を持っていることが少なくない。しかし、品質には、小規模農家が生産する豆の高品質を確実にする経営構造上の問題とともに、小規模生産者が支援を必要とするその他の多くの決定要因がある。たとえば、加工の改善に対する支援や、栽培上の、また販売上の技術の支援、生産者組織を通じた交渉力の向上などである。

　コーヒーのきわめて狭隘な国内市場しか持たない国々は、国際コーヒー機関のこの計画では最低品質のコーヒーを輸出できなくなる。その一方で、余剰分を国内バイヤーに買い取らせることも容易でないので、支援が必要である。

　国際コーヒー機関の品質改善計画は、生産国にとってはきわめて重要な事業であるが、焙煎業者や消費国の政府からの必要な支持を得られていない。これらの支援は、それは買入れや輸入の監視を通したものであるが、コーヒー豆の流通の主流で計画を成功させるために不可欠である。

　最底辺の農民の生産性を引き上げることが不可欠であろう。たとえば多くのサハラ以南のアフリカ諸国のロブスタ種生産農家などである。しかし、この分野における政府の援助は、過剰生産の問題を生じさせないよう注意しなければならない。少ない土地で以前と同じ量の収穫物を得るという生産性の向上によって、生産者たちにコーヒーの過剰生産ではなく、幅広い選択肢を提供し、耕地を別の用途に、また現金を他の目的に使えるようにするなどの、プラスの結果を生むことができる。

　ウガンダの生産者の生産力をアフリカの最高水準に引き上げるために、より生産力の高いハイブリッド種の苗木を無料で提供するというウガンダコー

ヒー開発局（ＵＣＤＡ）が行った計画は、モデルとすべきものの一つである。ＵＣＤＡは、1,000にのぼる育苗場を運営し、今年は3,000万の苗木の配分が期待されている。

　「政府の支援はとても助かった。以前は袋小路にはまっていたから。コーヒーの価格が悲劇的であれば、生産者は新しい苗を購入することもできない。しかし、無料であればもらっていく。」と、ＵＣＤＡのウィリアム・ナッガガは語っている[103]。国際コーヒー機関と、国連貿易開発会議（ＵＮＣＴＡＤ）の「一次産品共通基金」もまた、すでにどん底の農民たちの所得に打撃を与える大問題である病害虫防除対策をすすめ、生産者の支援に協力している。

　同じように、基金を設立して品質の向上を支援している企業もある。P&G社からテクノサーブ（TechnoServe）への150万ドルの助成金、スターバックス社とフォード財団からオックスファム・アメリカへの50万ドルの助成金は、いずれも自分の生産するコーヒーの品質向上をめざす農民への支援に向けられたものである。このような計画を利用できる生産者たちの有利性はかなりのものであるが、しかし、１回限りの企業の社会貢献活動では、これほど大きな危機に対応するには十分でないことも明らかである。

価格を上げ、生活を取り戻す

　焙煎企業は、農民に対してまともな価格を支払い、彼らが市場から得られる利益をもっと手に入れ、まともな所得を得られるように保証するために供給チェーンを運営できるはずである。その所得は、生産コストをしっかりカバーした上で、生産者の家族が、食料、基本的な教育、健康管理、住居をまかなえるものでなければならない。そのようなコストについては、国によって異なるものの、生産国におけるコーヒー関係機関や企業そのものによっても資料は収集されており、算定は終わっている。

　小農民の場合には、農場での作業や資材が貨幣換算されておらず、大規模農園とは大きく異なったコスト構造を持つことから、コストの算出は容易で

ない。しかし、これは行動しないことの理由にはならない。供給者のコスト
も保証が必要だという意見のある業界が他にもないわけではなく、また企業
が年々赤字続きを強いられる供給側から甘い汁を吸っている業界もないわけ
ではない。

　たとえ価格が上がったとしても、農民は価格変動の危険にさらされ続ける
だろう。この問題に対処するために、小規模生産者が価格変動問題に対処す
るのを助成しようという民間グループが、世界銀行の後援のもとに組織され
ている。プロジェクトチームが先進国と途上国の双方で保険・金融機関を結
集し、パイロット事業がいくつかの国で実施されている。その基本的概念は、
生産者が自分のコーヒーに対して最低価格を確保できるように、市場を基礎
にした手段を提供しようということである。

　この事業の一部として、ニカラグアで生産者間の共済にどれほど期待して
いるかが調査された。その結果、価格がたいへん低い場合でも、生産者は、
近い将来の彼らのコーヒ豆に正当な市場価格を確保するための掛け金を支払
う用意のあることががわかった。つまり、生産者は「保険料」を支払うこと
で、コーヒーを固定価格で販売する権利を、したがって義務ではなく、権利
を得ようということである。

付加価値を高めるための能力を保持し、高める

　生産者にとって、付加価値をつけるための数少ない方法の一つは、加工選
別によって品質を証明することである。外皮や果肉を除去したコーヒー豆は、
未加工のチェリーよりポンド単位で高い価格を得ることができる。小規模な
投資で得られる技術で、生産者にはかなりの成果がもたらされる。

　たとえばコロンビアでは、コロンビアコーヒー連盟が、アラビカ種のチェ
リーから果肉を除去できるポータブル電動加工機を開発した。これが広く農
村地域の農民に行き渡るようになれば、彼らのコーヒー豆に大きな価値を付
加できる。もちろん、生産者がそのような投資からの利益を確保するには、
品質を評価する市場に出荷しなければならない。この点において、政府や、

地元の、また国際取引業者も重要な責任を負っている。

　国全体のレベルで、付加価値をつけようという生産国の挑戦は重要である。これは、生産国で加工選別を拡大するという目標をかかげて、緊急に取り組むべきである。ただし、付加価値をつけるということは、加工選別のことだけではない。ブランド化、マーケティング、つまり市場への新しい販路の開拓、消費者とつながるための新しい方法など、これらのすべてが、付加価値をつけるために生産国がもっと取り組むべきものである。

農村開発のためのもうひとつの真の対応策を築き上げる

　コーヒー生産を削減する実行可能な計画をつくり、最も貧しい人たちを助成してきた生産国のいずれに対しても、先進支援国の協力が求められている。たとえば、ベトナムでは、低品質で赤字を生むロブスタ種の一部生産削減を表明している。このような計画は、とくに、貧しい女性たちを重視して、転換期のコストと多角化への支援が必要である。

　もっと一般的には、コーヒーから脱出するための多角化の努力は、その他の一次産品も状況は良くないことを考慮して検討されなければならない。一次産品に対する国際社会の総合的な取組みは、もういい加減に遅れてしまっているのである。

結論

　現在のコーヒー市場をめぐる動きは、途上国世界全体に悲劇を生じさせている。貧しい農民や貧しい国々で生じているこの問題は、これ以上無視されてはならない問題だ。もういい加減にしなければならない。コーヒー市場は、富める者のためばかりでなく、貧しい人たちのためにもならなければならない。

　これまでの市場介入の努力が失敗してきたことは十分に理解されなければならないし、教訓も学ばれている。しかし、それ以上に、現在の状況における教訓も学ばなければならない。世界で一番貧しく、力のない生産者たちを、

一番豊かで力を持った人々とを自由市場で取引させることによって、富める者はさらに富み、貧しいものはさらに貧しくなってもなんの驚きもない。この状況を変えるには、コーヒー貿易に関わるすべての人々の参画が求められている。

　来年が正念場だろう。輸出されるコーヒーの品質基準の引上げによって供給を削減しようと、コーヒー生産国政府間の合意が成立している。これは、企業や先進国の支持と、農村地域の未開発に対する長期的な対応策の補完があってはじめて可能になるものである。

コーヒー救済作戦──行動提案

　生産者がコーヒーの収入からちゃんとした生活ができるように、需要と供給のバランスを取り戻し、農村開発を支援する「コーヒー救済作戦」が求められている。作戦の遂行に当たって、現在の危機を克服し、より安定した市場を構築するには、コーヒー産業に関わる主要な関係者すべての参画が必要である。

　国際コーヒー機関の協力のもと、救済計画は1年以内に次の目標を達成しなければならない。

1．焙煎企業は、まともな価格を生産者に支払うこと。
2．焙煎企業は、国際コーヒー機関が示した品質の基準に見合った豆だけを取引すること。
3．緊急対策として、先進諸国政府や焙煎企業の資金援助によって、最低500万袋のコーヒー豆の在庫を処分すること。
4．生産性の低い生産者たちがコーヒー以外の収入源に転換し、コーヒーへの依存を少なくするための多角化促進基金の設立。
5．焙煎企業は、生産者から直接フェアトレードによって購入するコーヒー豆の量を増やすこと。

　救済作戦は、価格を引き上げるとともに、農民に他の収入源を提供する、長期的な一次産品管理活動のパイロット事業となるべきものである。その結果には、次のようのものが含まれなければならない。

1．生産国、消費国の双方の政府が、需要と供給のアンバランスを是正し、生産者に妥当な価格を保証する市場メカニズムをつくりだすこと。そのような事業には、農民の立場が適切に生かされること。

2．消費量を超える一次産品が市場に出回るのを防ぐための、生産諸国間の協力。

3．生産国が一次産品の価格のなかで取り分を増やすことができるようにするための支援。

4．先進支援国による、小規模農家が農産物にひどく依存した状態を改善するための財政負担の拡大。

5．途上国の選択肢を狭めているEUと米国の農産物貿易における二重基準の撤廃。

6．一次産品に対して、企業が（生産コストを超える）まともな価格を支払うこと。

　コーヒー救済作戦は、コーヒー産業に関わるすべての人々の参画によってしか成功し得ない。それぞれの立場の人々が、どのように関わるべきかを提案する。

コーヒー企業

　焙煎企業：クラフト社、ネスレ社、P＆G社、サラ・リー社

1．農家にまともな価格を支払うよう約束すること。

2．コーヒー危機に対抗する思い切った資源の提供（危機に対応する一連の援助への資金提供など）。

3．品質を基準にした製品の表示。

4．生産者から直接フェアトレードによって買い入れるコーヒー豆を増加させること。毎年フェアトレード運動によって決定される増加率によって、1年以内にそれぞれが買い入れる豆の総量の2％にすること。

5．アメリカ政府に対して、ICOに復帰するようロビー活動を展開すること。

6. ＩＬＯ協約を尊重して、移民や季節労働者の権利を保証するための明確で独立したはっきりとした約束をすること。

コーヒー小売店（スーパーマーケットやコーヒーショップ）

1. まともな価格を生産者に支払うよう、コーヒー豆供給業者に要求すること。
2. フェアトレードブランド・コーヒーや製品を奨励すること。
3. 品質を基準にした表示を求めること。
4. スターバックス社は、同社の原料豆発注ガイドラインが一般市場で実施可能かどうかについての研究結果を公表すること。

政府や機関

国際コーヒー機関

1. 国際連合や世界銀行との協力のもと、参加は自発的であることが条件であること、また具体的な約束の採択ができるものとすることを明確にして、コフィ・アナン国連事務総長を議長として2003年2月または3月までに首脳レベルのコーヒーに関する国際会議を開くこと。
2. 生産者にとってまともな収入がどの程度のものかを、生産国やフェアトレード機関、焙煎企業とともに明らかにすること。
3. 小規模生産者への影響調査を先行させつつ、品質改善事業を推進すること。

世界銀行

1. 世界銀行は、貧困撲滅計画レポート（ＰＲＳＰ）でめざされている農村開発を含めて、コーヒー価格の暴落による短期的な生産国への影響を抑えるための支援策を明らかにすること。世界銀行とＩＭＦは一次産品問題を克服するための長期総合戦略を確立すべきである。
2. 重度債務貧困国（ＨＩＰＣ）化についての調査を、一次産品の価格の暴

落にともなう輸出収入不足の観点から継続すること。また、重度債務貧困国に認定され満期となるまでの間に一次産品価格の大幅下落に見舞われた国は、どの国も自動的に、満期には対外債務額が輸出額に対して150％を超えないように追加の債務帳消し措置を受けることを保証すべきである。

3．2003年2月から3月までに、国連貿易開発会議（UNCTAD）や国際コーヒー機関（ICO）によって開催されるコーヒーに関する重要な国際会議に貢献すること。

国連貿易開発会議（UNCTAD）

1．一次産品問題を解決するための長期総合戦略を確立すること。

2．ICOとともに、2003年2月から3月までに、コーヒーに関する重要な国際会議を開催すること。

生産国政府

1．消費量を超える一次産品が市場に出回るのを防ぐために、生産諸国間で協力すること。

2．貧困撲滅戦略の中心に多角化の推進を据えること。

3．家族農場に取り残されている女性たちへの配慮を含めて、コーヒー市場からの離脱をよぎなくされている生産者たちを支援すること。

4．農村地域の農民たちに対して、緊急に次のような改良普及サービスを提供すること。

・技術面とマーケティングの情報

・信用提供と債務管理サービス

これらの改良普及サービスは、農家の女性たちに特別な注意が払われなければならない。

5．小農民を痛めつける反競争的な取引に対す制裁措置を制度化すること。

6．ICOの品質基準が、小規模農家、とくに農家女性にどのように影響す

るかを評価すること。

7. ＩＬＯの基本的労働協約を満たした労働法がきちんと制定され履行されるように、季節労働者やプランテーション労働者の権利を保護すること。女性労働者の権利に対してはとくに注意をはらうべきである。

8. 国内のコーヒー市場における貧しい農家の地位を向上させるために、小規模農家の協同組合や企業の設立を奨励すること。

消費国政府

1. 過剰供給を克服するための政治的、財政的支援を提供すること。
   ・ＩＣＯの品質改善計画を支持し、資金助成を行なうとともに、どの生産国から輸入されるコーヒー豆についても、品質検査を実施し、その結果を公表すること。
   ・現存する関税の撤廃
   ・最低品質のコーヒー豆の廃棄処分

2. ＩＣＯを生産国と消費国が協力して危機に対抗する活動の場として支援すること。

3. 農村開発や生活向上に対するＯＤＡの援助を増やすこと。

4. 途上国に対する技術移転によって付加価値をつける加工工程がもっと途上国で行われるように、焙煎企業に対して奨励すること。

消費者

1. もっとフェアトレードコーヒーを購入する。

2. フェアトレードコーヒーをもっと置くよう小売店に要求する。

3. 生産者の生活を保証するまともな価格で買うようコーヒー会社に要求する。

4. コーヒーの産地表示を改善するよう焙煎企業や小売業者に要請する。

投資家

1．焙煎企業に対して、長期的なコーヒー市場の持続性のために、供給チェーン管理計画や、生産コストを上回る金額を支払う価格政策、コーヒー労働者の労働権を守るよう奨励すること。

2．投資するコーヒー会社に対して、貧しい農民の生活を向上させているかどうかが、価格及び供給チェーン管理問題での会社のリスクマネージメントについての評価の具体的な基準になるという考え方を知らせること。

要　約

　コーヒー危機が2,500万人にのぼる世界のコーヒー生産者の生活を苦しめている。コーヒー豆の価格は、過去3年間で50％も下落し、この30年来最低の水準になっている。長期的な見通しは暗い。発展途上国のコーヒー生産者たちは、その多くが小規模生産者であるが、生産コストよりもはるかに低い価格でコーヒー豆を売っている。たとえばベトナムのダクラク省では生産コストの60％にしかならない。ブランドコーヒーが膨大な利益をあげるいっぽうで、農民たちはたいへんな赤字で売っている。コーヒー危機は、長く影響を与えることになるであろう人為災害となりつつある。

　コーヒーによる現金収入に頼っている家族は、子どもたち（とくに、女の子）に学校へ行くことを断念させている。常備薬さえも手に入らず、食費も削っている。生産者の家族ばかりでなく、取引業者も営業をやめようとしている。国民経済はひっ迫し、倒産する銀行も出ている。政府の資金が逼迫し、それが保健や教育分野を圧迫するとともに、政府財政の赤字を膨らませている。

　危機のスケールに対応した解決策が求められる。富める人にとっても貧しい人にとってもコーヒー市場が利益をもたらすものとなるように、コーヒー取引に関わる人々の大半が参加する「コーヒー救助作戦」が求められている。この問題は、コーヒーだけの問題にとどまらない。これは、貿易を公平なものにするための世界規模での決定的な挑戦なのである。

　コーヒー市場は破産状態にある。コーヒーから現金収入を得てきた小規模家族農園の生産者を失望させている。厳しい国際競争の壁に立ち向かおうと

する地元の輸出業者や取引業者を失望させている。そして、輸出収益を上げるためにコーヒー栽培を推奨してきた政府も失望させている。

　10年前には、世界のコーヒー市場総販売額の3分の1は、生産国の輸出額であった。ところが今日では、その率は10%にもならない。過去5年にコーヒーの輸出額は40億ドルも下落した。ちなみに、1999年と2000年のホンジュラス、ベトナム、エチオピアの債務返済額を合計すると47億ドルになる。

　コーヒー市場の状況は、これまでは生豆（グリーンビーン）をうまくドル紙幣（グリーンバック）に変えるのに成功している巨大加工会社にも、おそらくは最後には失望を与えるかもしれない。世界の4大焙煎業者であるクラフト社、ネスレ社、P&G社、サラ・リー社は、それぞれ年間10億ドルないしそれを超える売上げのコーヒー・ブランドをもっている。ドイツ企業のチボー社を加えると、これら5つの企業で世界のコーヒー豆のほぼ半分を買い上げている。利益は高く、ネスレ社はインスタントコーヒーで26%の利益をあげていると推測される。サラ・リー社がコーヒーからあげる収益は17%近い――これはその他のブランド食品や飲料と比べるととても高い。もし、コーヒーの供給チェーンに関わるすべての人々がこのような利益をあげているのなら問題はない。しかし、農民が生産コスト割れの価格しか受け取っていないということは、大もうけしている会社の影には世界の最も貧しい人たちの犠牲があるということである。

　価格を引き下げることだけを求め、それが農民に何をもたらすかを考慮しないことは、長期的にはそれは危険なビジネス戦略である。短期的にみても、それはインスタントコーヒーの製造業者の事業利益にはつながらない。これらの企業が消費者の購買意欲を当てにしているとすると、とくにリスクが大きい。近年、フェアトレードの売上げが伸びていることをみれば、消費者が自分たちの買う商品の生産者の窮状に関心のあることが明らかである。

　コーヒー業界は、多くの人たちにとって激しくかつ痛みをともなう転換期を迎えている。政府が国内的にも国際的にも重要な役割を果たしていた「管理された市場」から、だれでも参入が可能で、市場動向によって価格が決定

される「自由市場システム」に移行してきた。近年では、そのために巨大な
コーヒー会社が原料豆を非常に安い価格で仕入れることができるようになっ
たのである。

　それと同時に、ベトナムが市場に劇的な参入をはたし、ブラジルはすでに
大きな生産量をさらに増やした。結果として、コーヒー豆の生産量が増え、
低品質の豆が市場に流入して、生産者にとっては破滅的な価格暴落を招いた
のである。現在、生産量は消費量を８％上回っている。これまでのところ、
コーヒー企業は現在の危機のもとでコーヒー需要を生み出すことをその中心
的責任のひとつとされることをなかなか認めようとしない。現在の需要の伸
びは年率１〜1.5％であり、これは２％以上の伸びを示す供給にすぐに追い
抜かれてしまう。

　消費市場が停滞しているにも関わらず、儲かって笑いがとまらないのがコ
ーヒー会社である。自由市場では、世界規模の事業展開によって未曾有の選
択肢が可能になっているからだ。今日の平均的なブレンドコーヒーは、約20
種類の豆がブレンドされている。巧みなリスク管理とヘッジングによって、
企業は、このようなブレンド用の一番安いコーヒー豆をコンピュータ・マウ
スのクリック一つで買うことができるようになった。

　コーヒー市場のもう一方の端では、自由はそれほどは感じられない。地元
市場への道路や交通手段がなく、技術支援や資金、価格情報を得られずに、
農民の大多数は村回りの仲買人たちの「タダ同然の値づけ」のお情けにすが
るしかない。最近みられる生産者のコーヒーをやめて他の収入源に移る動き
も問題が多い。将来の見込みのある代替作物には彼らが持たない資本が必要
である。実をつけ始めるまで４年も待ったコーヒーを見捨てることは、農民
にはたいへん危険な戦略である。

　コーヒー市場が落ち込んでしまったのは、一部は国際機関の政策の驚くべ
き失敗にも起因する。世界銀行と国際通貨基金（ＩＭＦ）は、貧しい国々に
対して貿易の自由化と、それらの国の「比較優位」部門の輸出指向型成長の
追求を奨励してきた。多くの貧しい国々にとっての問題は、その優位性が非

常に狭隘であることにある。これは、コーヒーその他の農産物一次産品の世界市場が供給過剰になっていることからも明らかである。原料を輸出するだけのこれらの国々は、製品がスーパーマーケットの陳列棚に並べられるまでに付加された価値を手に入れることにまったく失敗している。

　たとえ自由市場であっても、これらの機関の職務怠慢は非難されてしかるべきであろう。世界全体の一次産品の需給状況やその価格への影響に関する確かな経済的アドバイスはどこに行ってしまったのだろうか？　最貧国がなんとかできる債務負担にするという努力が一次産品の暴落によって水泡に帰すことがないように、支援国は何か緊急措置を採ったであろうか？

　これまでのところ、富める先進消費国とそこに本拠地を置く巨大企業は、このような危機に対して許しがたいひとりよがりで対応するだけであった。みじめさに直面して多くのことが語られてはいるものの、行動はほとんど取られていない。現在展開されている市場を通じた解決策、たとえばフェアトレード運動やスペシャルティ・コーヒーは重要である。しかし、それはあくまでも少数の農民にとってのみ有効である。そのような活動は、貧困を減らし、環境を維持するには役立とう。しかしながら、そうしたニッチな解決策ではなく、組織的な解決策が求められている。

　立ち向かうべき課題は、コーヒー市場をすべての人のものにすることである。過去の市場介入に関する努力の失敗は、十分に理解され、教訓が学ばれなければならない。しかし、同時に現在の状況における教訓も学ばなければならない。コーヒー価格の下落がつくりだした買い手市場は、世界でもっとも貧しく力のない生産者たちを、世界で最も豊かで力を持った者たちとの自由市場での交渉に放り出すことになった。結果として、当然のことながら富める者はさらに富み、貧しいものはさらに貧しくなる。このような状況を打開するために、コーヒー産業に関わるすべての人たちの積極的な参画が求められている。

　来年が正念場だろう。コーヒー生産諸国の政府は、コーヒー豆の品質向上による供給削減をめざした計画に合意している。これは、企業や豊かな国々

の支援と、長期にわたる農村地域の未開発に対する対応策があってはじめて効果をあげるものである。

オックスファムは、コーヒー市場が貧しいものにとっても富めるものにとってもよいものとなるような「コーヒー救済計画」を呼びかけている。計画には、現在の危機を打開し、より安定した市場を築くことをめざすコーヒー業界の主要な関係者たちの合意が必要である。

国際コーヒー機関の協力のもと、救済計画は1年以内に次の目標を達成しなければならない。

1．焙煎企業が（生産コストを賄えるだけの）一定水準の価格を生産者に支払い、子どもの就学や薬代、十分な食料が得られるようにすること。

2．次の方法で、市場における供給量や在庫を削減し、生産者への支払額を向上させること。

・国際コーヒー機関（ICO）による品質基準に見合った豆だけを焙煎企業が取引する。

・先進諸国政府や焙煎企業の資金援助によって、最低500万袋のコーヒー豆の在庫を処分する。

3．貧しい生産者たちがコーヒー以外の収入源に移行し、コーヒーへの依存を少なくするための基金の設立。

4．焙煎企業はフェアトレードによって購入するコーヒー豆の量を全体の2％に増加させること。

救済計画は、農民に価格を改善し、代替収入源を提供する長期的な一次産品管理計画のモデルとなるべきものである。その結果は、以下のものを含んでいなければならない。

1．生産国、消費国の双方の政府が、需要と供給のアンバランスを是正し、生産者に適正な価格を保証するメカニズムを創出すること。そうした事業においては生産者の立場が適切に生かされること。

2．消費量を超える一次産品が市場に出回るのを防ぐ、生産諸国間の協力。

３．生産国が一次産品の価額のより多くの部分を得ることができるようにするための支援。

４．小規模農家が農業一次産品に圧倒的に依存した状態を改善するための資金的な援助。

５．コーヒーを含むすべての一次産品に対して、企業が適正な価格を支払うこと。

［注］

1) ドイツ銀行のアナリストのレポート「インスタント・コーヒー：一杯の黄金」
（2000年 5 月 2 日）

2) 2002年 2 月にオックスファムがウガンダで行った予備調査による。

3) オックスファムのレポート「苦いコーヒー：コーヒー価格の低落に貧者はい
かに苦しめられているか」（2001年 5 月）

4) ＦＡＯ、ＩＣＯ、世界銀行による。

5)「オクスフォード・アナリティカ」（ラテンアメリカ日報）（2002年 6 月19日）

6) 2002年 2 月にオックスファムがブラジルで行った予備調査による。

7)「ビジネス・インディア」（2002年 5 月）

8) 2002年 4 月にオックスファムがダクラク省で行った予備調査による。また、
ICARDの研究参照。

9) オックスファム・アメリカの2002年 5 月のインタヴューによる。

10)「ダウ・ジョーンズ・ニュースワイア」（2001年 5 月29日）

11) 2002年 2 月にオックスファムがエチオピアで行った予備調査による。

12) ダウ・ジョーンズ「コーヒー価格低落・干ばつがホンジュラス人 3 万人に飢
餓をもたらす」（2002年 3 月25日）

13)「オクスフォード・アナリティカ」（日報：中米――コーヒー危機）（2002年 6
月19日）

14) 2002年 2 月にオックスファムがウガンダで行った予備調査による。

15) ナイロビの国連統合地域情報ネットワークの声明（2002年 3 月 9 日）

16) オックスファム「コーヒー市場・準備研究2001」

17) Ｐ・パランギス／Ｂ・レビン「コーヒー危機の展望」世界銀行、2002年 3 月
9 日

18)「オクスフォード・アナリティカ」（ラテンアメリカ日報）（2002年 6 月19日）

19)「ビジネス・インディア」（2002年 5 月）

20) 個人が特定されないように仮名にしてある。

21) USAIDの中米コーヒー会議でのディスカッション・ペーパー「中米における
コーヒー・セクターの競争的転換を管理する」世界銀行（2002年 4 月 3 ～ 5
日）

22) 1999年度から2000年度（ICOによる）

23) ウガンダ・コーヒー開発局による。

24) 1999年度から2000年度（ICOによる）

25) 世界銀行のデータ

26) 注21）に同じ

27) 商品取引ウェブサイト「政府支援についてのファクトシート」2002年 1 月15
日まで。

28) 同上

29) 同上

30) コーヒー年度によるデータ

31) FOリヒト「世界コーヒー生産量推計」

32) コーヒー生産国協会およびオクスフォード・アナリティカ

33) 「ブラジルの豊作が過剰供給を誘発させる恐れ」フィナンシャル・タイムズ、2002年6月7日

34) 2002年度の作柄による。

35) オックスファムへのインタヴュー、2002年春。

36) 「アメリカ農務省経済研究サービス」アグリカルチュラル・アウトルック、1999年3月。

37) ICAのデータによる（名目額）

38) 生豆から加工による重量の減少を考慮している。

39) 2002年2月にオックスファムがペルーで行った予備調査による。

40) この研究は商品エコノミストとコンサルタントであるKaren St Jean Kufuorによって行われた調査研究である。

41) D・ジヴァンヌッチ「北米スペシャルティ・コーヒーの研究」（2001年6月）

42) ドイツ銀行のアナリストのレポート「インスタント・コーヒー：一杯の黄金」（2000年5月2日）

43) 販売費用、給与、加工経費などの営業経費を控除した利益。

44) この利益率は、税引き前の営業利益率。

45) 2002年3月までの9ヶ月決算。

46) 同上

47) R・フィッター／R・カプリンスキー「農産物が非農産物化される時に誰が利益を得るか」（IDS、2001年）からの引用。

48) モーガン・スタンレー社の食品加工企業調査による。（2002年2月12日）

49) ネスレ社からのオックスファムへの回答（2002年7月18日）

50) ステファノ・ポンテ「東アフリカのコーヒー市場：グローバルチャレンジへのローカル反応、ローカルチャレンジに対するグローバル反応」、開発研究センターワーキングペーパー（01.5）、コペンハーゲン、2001年9月

51) オハイオ州シンシナティでのオックスファムによるインタヴュー。

52) ネスレ社からのオックスファムへの回答（2002年7月18日）

53) コーヒー果実（チェリー）から生豆（グリーンビーン）を取り出す方法には、湿式精製法（Wet method, washed）と乾式精製法（Dry method, naturaled）の2つの方法がある。湿式精製法はチェリーをいったん水に浸けて処理し、不要物を取り除いて生豆を取り出す方法であって、水の便の悪いブラジル以外のアラビカ種のほとんどは、この湿式精製法による。外観が良く、均一な

商品価値の高い生豆が得られる。乾式精製法は、古くから行なわれている方法であって、チェリーを天日乾燥（最近では機械乾燥もある）させて脱穀し、生豆を取り出す方法である。ロブスタ種はこの天日乾燥方式によるのがほとんどである。（日本コーヒー文化学会編『コーヒーの事典』、柴田書店、2001年も参照）

54）注21）に同じ

55）P・パランギス／B・レビン「コーヒー危機の展望」世界銀行、2002年3月9日

56）ベネッケ「ドイツ：市場の強さ」コーヒー・ココア・インタナショナル、2000年6月

57）2002年2月にオックスファムがウガンダで行った予備調査による。

58）クラフト社が2002年4月8日の会議で発表した文書による。

59）同上

60）FOリヒト国際コーヒーレポート「市場概観」（P・ブザッネル）

61）ACPCの作図による。

62）注21）に同じ

63）FOリヒト国際コーヒーレポート「市場概観」（P・ブザッネル）

64）P．S．ベイカー／J．ジャクソン／S．マーフィー「自然の敵、自然の同盟者」

65）2002年コーヒー会議での世界銀行の発表。

66）2002年2月にオックスファムがエチオピアで行った予備調査による。

67）世界銀行「途上国における一産産品価格の不安定性に対する対応」（1999年）

68）R・グリーンヒル「世界銀行の新レポーロは、HIPC事業が失敗であることを確認している」（2002年4月）

69）ICOのデータ

70）FAO報告「世界銀行報告への回答」（2002年3月）

71）「ティーアンドコーヒー貿易ジャーナル」2001年12月

72）ヨーロッパコーヒー連盟による数値。

73）注50）に同じ

74）2002年2月にオックスファムがペルーで行った予備調査による。

75）注50）に同じ

76）C・ギルバート「ココア・コーヒーにおける品質、市場構造、そして生産者の報酬」ESI & FEWEB、ブリュージュ大学（2002年4月）

77）同上

78）2002年3月にオックスファムがホンジュラスで行った予備調査による。

79）2002年2月にオックスファムがエチオピアで行った予備調査による。

80）2002年5月にオックスファムがベトナムダクラク省で行った予備調査による。

81）2002年2月にオックスファムがペルーで行った予備調査による。

82）2002年2月にオックスファムがエチオピアで行った予備調査による。

83）オックスファム・アメリカがSCAA会議で行ったインタヴューによる。

84）OECD「農業への支援」2001年12月

85）IFADウェブサイト（メキシコで2002年3月に開催された開発融資に関する国際会議でのIFADの声明）

86）オックスファム「操作されるルールと二重の基準：貿易、グローバリゼーション、貧困との闘い」2002年4月

87）同上

88）P・フリッチュ「コーヒー豆の過剰供給がラテンアメリカを苦しめている」ウォールストリート・ジャーナル、2002年7月8日

89）A・ロバーツ／A・バウンズ「鑑定家がコーヒーを限定極上品に」フィナンシャル・タムズ、2002年7月5日

90）FLOによる協定価格

91）フェアトレードについてのNRI/DFIDの調査による。

92）クラフト社が2002年4月8日の会議で発表した文書による。

93）FLOによる数値（量）

94）DataMonitor の数値（2002年3月）

95）世界銀行による。http://www.worldbank.org/prospects/indexold.htm

96）世界銀行の2002年4月の会議でのペーパー。

97）世界銀行「ブルンジ：転換期の支援戦略」2002年2月

98）世界銀行「ブルンジ：1999-2001年中間戦略」1999年7月

99）IMF／IDA「中間貧困削減戦略ペーパー」2001年1月

100）CSRヨーロッパでのネスレ社の発表「コーヒー低価格：原因と解決の可能性」2002年7月12日

101）P・パランギス／B・レビン「コーヒー危機の展望」世界銀行、2002年3月9日

102）100万袋の廃棄で1ポンド当たり2セントの価格上層を予定するC・ギルバート教授のモデルによる。オックスファムの数値では、低品質コーヒーの廃棄コストを1ポンド当たり15セントとしている。

103）2002年2月にオックスファムがウガンダで行った予備調査による。

〔参考資料〕

Casasbuenas, C., 'Coffee in Honduras:Crisis or Opportunity?', 2002

Crabtree, J., 「ペルーのコーヒー農家へのインタヴュー」(スペイン語)、「ペルーの
コーヒー産業関係者へのインタヴュー」(英語), 2002年

ICARD, 'Impacts of Trade Liberalisation on Coffee Farmers in Dak Lak
Province', 2002

INESA, 'Le Café en Haiti: Situation Actuelle at Plaidoyer pour une
Amelioration de la Situation Socio-economique des Producteura', 2001(英語
版とフランス語版)

Jean-Kufuor, K. S., 'Coffee Value Chain', 2002

Knight, P., 「ブラジルのコーヒー産業関係者へのインタヴュー」, 2002年

Mayne, R., 'The Coffee Crisis in Kafa Province of Ethiopia ', 2002

オックスファム, 'The Coffee Market: A Background Study', 2001

オックスファム, 'Bitter Coffee: How the Poor are Paying for the Slump in Coffee
Prices'(英語版とスペイン語版)

Perez-Grovas, V., E. Cervantes and J. Burstein, 'Case Study of the Coffee Sector
in Mexico', Oxford:Oxfam, 2001

Sayer, G., 'Coffee Futures: The Impact of Falling World Prices on Farmers,
Millers and Exporters in Uganda', Oxford: Oxfam, 2002

オックスファムが行なっているコーヒー生産者との事業

　オックスファムは、コーヒー生産地域での一連の開発事業に、毎年160万ドルの支援を行なっている。対象としているコーヒー生産地域は、中央アメリカ、メキシコ、カリブ海諸国、南アメリカ、東アフリカ、東南アジアなどである。事業が目標としているのは、最も貧困なコーヒー生産農家の経営・栽培加工技術の改善と、調査その他の取り組みやキャンペーンを支援し、コーヒー市場における彼らの地位を高めることにある。また同時に、小規模生産者のコーヒー栽培から他の作物への転換や、彼らの生産するコーヒーの品質の引上げも支援している。

　オックスファムはフェアトレード運動とも協力しており、それは世界中の貧しいコーヒー農家に大きな利益をもたらしてきた。オックスファムは、生産者に力を与え、コーヒー貿易に影響を与える狙いのもとに、いくつかの地域で展開されてきたフェアトレード・ネットワークを支援してきた。

オックスファム・インターナショナル

Oxfam America
26 West St.
Boston, MA 02111-1206, USA
Tel: 1.617.482.1211
E-mail: info@oxfamamerica.org
www.oxfamamerica.org

Oxfam Canada
Suite 300, 294 Albert St. Ottawa, Ontario, Canada K1P 6E6
Tel: 1.613.237.5236
E-mail: enquire@oxfam.ca
www.oxfam.ca

Oxfam Québec
2330 rue Notre-Dame Ouest Bureau 200, Montreal, Quebec
Canada II3J 2Y2
Tel: 1.514.937.1614
E-mail: info@oxfam.qc.ca
www.oxfam.qc.ca

Oxfam Ireland
Dublin Office:
9 Burgh Quay, Dublin 2,   Republic of Ireland
Tel: 353.1.672.7662
E-mail: oxireland@oxfam.ie
Belfast Office:
52-54 Dublin Road, Belfast, BT2 7HN, UK
Tel: 44.28.9023.0220
E-mail: oxfam@oxfamni.org.uk
www.oxfamireland.org

Oxfam GB

274 Banbury Road, Oxford, OX2 7DZ, UK
Tel: 44.1865.311311
E-mail: oxfam@oxfam.org.uk
www.oxfam.org.uk

Oxfam-in-Belgium

Rue des Quatre Vents 60   1080 Brussels, Belgium
Tel: 32.2.501.6700
E-mail: oxfam@oxfam.be
www.oxfam.be

Novib Oxfam Netherlands

Mauritskade 9   2514 HD The Hague, TheNetherlands
Postal address: P.O Box 30919,
 2500 GX
The Hague, The Netherlands
Tel: 31.70.342.1621
E-mail: admin@novib.nl
www.novib.nl

Intermón Oxfam

Roger de Llúria 15   08010 Barcelona, Spain
Tel: 34.93.482.0700
E-mail: intermon@intermon.org
www.intermon.org

Oxfam Germany

Greifswalder Str. 33a   10405 Berlin, Germany
Tel: 49.30.428.50621
E-mail: info@oxfam.de
www.oxfam.de

Oxfam Hong Kong

17/F, China United Centre　28 Marble Road, North Point
Hong Kong
Tel: 852.2520.2525
E-Mail: info@oxfam.org.hk
www.oxfam.org.hk

Oxfam Community Aid Abroad

156 George St. (Corner Webb Street) Fitzroy, Victoria,
3065 Australia
Tel: 61.3.9289.9444
E-mail: enquire@caa.org.au
www.caa.org.au

Oxfam New Zealand

Level 1, 62 Aitken Terrace　Kingsland, Auckland　New Zealand
Postal address: P.O. Box 68 357, Auckland 1032, New Zealand
Tel: 64.9.355.6500
E-mail: oxfam@oxfam.org.nz
www.oxfam.org.nz

オックスファム・ジャパンの所在地は以下のとおりです。

〒110-0015　東京都台東区上野１－20－６　丸幸ビル２F

TEL：（03）3834-1556　FAX：（03）3884-1025

E-mail：Oxfam@nyc.odn.ne.jp

Web：http://www.oxfam.org/japan

オックスファム・インターナショナル政策提言事務所

ワシントン事務所

1112 16th Street, Suite 600　Washington, DC 20036, USA

Tel: 1.202.496.1170

E-mail: advocacy@oxfaminternational.org

www.oxfaminternational.org

ブリュッセル事務所

Rue des Quatre Vents 60, 1080 Brussels, Belgium

Tel:　32.2.501.6761

E-mail:　sonia.vila-hopkins@oxfaminternational.org

ジュネーブ事務所

15 rue des Savoises 1205 Geneva

Tel: 41.22.321.2371

E-mail: celine.charveriat@oxfaminternational.org

ニューヨーク事務所

355 Lexington Avenue, 3rd Floor, New York, NY10017, USA

Tel: 1.212.687.2091

E-mail: nicola.reindorp@oxfaminternational.org

あとがき

オックスファム・インターナショナル

　本書は、グローバルに活動を展開しているＮＧＯであるOxfam International（オックスファム・インターナショナル）が、2002年に出版したレポート "MUGGED Poverty in your coffee cup" の翻訳である。原著タイトルの直訳では、日本の読者にわかりにくいので、『コーヒー危機──作られる貧困』とした。

　原著の執筆者はCharis GresserとSophia Tickellの2人で、編集をKate RaworthとDavid Wilsonが担当している。

　第二次世界大戦中、1941年にギリシャがドイツ軍に占領され、連合軍の海上封鎖のなかで起こった飢餓からギリシャ国民を救うために、1942年初夏にイギリスで始まった飢餓救済委員会（Famine Relief Committee）運動のなかで、同年10月に大学町オックスフォードで組織された「オックスフォード飢餓救済委員会」（The Oxford Committee for Famine Relief）が今日のOxfam（オックスファム）の母体となった（Oxfamという団体名は1965年に採用されたもので、この「オックスフォード飢餓救済委員会」を短縮したもの）。戦時中にイギリス各地で組織された飢饉救済委員会は、戦後その多くは解散したが、オックスフォード委員会は、「戦災の苦難からの救済」を掲げて1948年からはヨーロッパ各国での食料や衣服の提供、さらに1949年からは活動範囲をヨーロッパ外にも広げ、「貧困と苦難の克服」を目的に、政府から独立して世界的に活動を展開する慈善団体として、今日にいたっている。イギリス国内だけで約2万3,000名のボランティアが組織を支え、1,300名の

スタッフが働く大きな組織に成長している。

　イギリスにおけるこの組織（Oxfam GB）とともに、世界各国で共通する目的を持って活動するOxfam組織との連携組織Oxfam Internationalがあって、これにはヨーロッパではオランダ、ベルギー、ドイツ、アイルランド、スペイン、北米にアメリカ合衆国、カナダ、ケベック、オセアニアではオーストラリア、ニュージーランド、アジアでは香港のオックスファムが参加しており、東京でも2002年夏にオックスファム・ジャパン設立準備委員会が組織され、日本におけるオックスファムの設立を目指している。本書の翻訳に際しては、オックスフォードの本部との連絡をオックスファム・インターナショナル日本事務所にとっていただいた。

　さて、世界100カ国以上で行なわれているオックスファムの主な活動は、①紛争や自然災害時における緊急人道支援、②人々の自立を目指す開発事業。これには農村開発、保健医療（HIV／AIDS、リプロダクティブヘルス、栄養と水など）、基礎教育、ジェンダーなど多岐にわたる活動がある。③貧困の原因と現象についての調査・研究、④政府や国際機関に対する貧困を減らすための政策提言、⑤キャンペーンの実施による、市民や政策決定者への影響力の発揮、⑥開発教育やフェアトレードを通じる市民の貧困問題への啓蒙、などそれこそ多岐にわたっている。

　工芸品や食品のフェアトレード運動は、オックスファムが世界の貧困克服のために行なっている諸活動のなかで、リサイクルショップ事業とともに重要な活動のひとつである。フェアトレード運動については、1960年代から40年余りの実績をもつパイオニアである。1989年には、オックスファムなどの呼びかけで、フェアトレード運動を推進する各国の団体が、国際オルタナティヴ・トレード連盟（IFAT、本部はブリュッセル）を結成している。わが国では、日本ネグロス・キャンペーン委員会を初め、日本生活協同組合連合会に結集する生協陣営の運動が先駆的である。

　「フェアトレード」（公正貿易）とは、「もうひとつの貿易」（オルタナティ

ヴ・トレード）ともいわれ、わが国では「民衆貿易」とも訳されてきた。この運動の目的は、①先進国の消費者を途上国の生産者に近づけ、中間搾取をなくして、②消費者には割高でも、生産者の生活が保障される価格で商品を市場に提供し、③加工をできるかぎり途上国の生産者が行うようにしながら、④生産者が協同組合や生産者団体に結集して、自立的にくらしの向上を進めるのを支援することにある。本書では、コーヒー危機のもとにあって、このフェアトレード運動がはたすべき役割が冷静に提起されている。

フェアトレードとポッソ・フンドとの出会い

　世界最大のコーヒー生産国ブラジルでもＪＡＳ認証の有機コーヒーはないものと、半ばあきらめかけていたところ、ブラジルのコーヒー取引関係者から、ミナスジェライス州ジェレジンコーヒー農園で有機ＪＡＳ認証が取得できたとの知らせを受け、すぐにブラジルに飛んだ。

　フェアトレードとの出会いは、有機ＪＡＳ認証コーヒージェレジン農園見学の途中にあるポッソ・フンド小農家生産者組合に立ち寄ったときである。「ポッソ・フンド」は地名でブラジルでの意味は「深い井戸の底」ということらしい。実は恥ずかしいことに、フェアトレードについてはそのとき初めて知ったくらいの私の程度だが、「深い井戸の底」と言う意味のポッソ・フンドの言葉が印象的であった。

　ポッソ・フンドの小農家生産者は、１農家当たりのコーヒー豆収穫量が平均20〜30俵（１俵60kg）といった小規模な生産者が中心であって、決して恵まれているとは言えないコーヒー生産地だ。ブラジルで最初に有機ＪＡＳ認証を取得したジェレジン農園経営のイバン・フランコ・カイシェッタさんが、そのポッソ・フンド小農家生産者組合の農家の技術支援を行い、彼らは有機コーヒーの生産に取り組み、その成果を上げているということのようである。私にとってコーヒー取引先のイバンさんは、断然ポッソ・フンドのフェアトレード支援者で、自分のコーヒー豆と同じようにポッソ・フンドのコーヒー豆をフェアトレード価格で売れるようにして欲しいと言っていた。

あとがき

　コーヒーの生産者価格は、フェアトレードだと1俵（60kg）160～180ドルになるのに、現在の相場のままだとその30%にもならない。そのためにも彼らが望むのはフェアトレードであるというのは当然である。

　ポッソ・フンドにフェアトレードを申し込んでいたところ、日本フェアトレード委員会宛てに、ポッソ・フンド市長のエデジオ・ヴァスコンセロス・デ・オ・リヴェイラさんと、農業畜産環境局長のマリア・ダス・グラサス・ペレイラさん連名で、2003年1月27日付けのメッセージと書類が届いた。表紙にはCAFE ORGANICOとあり、ポッソ・フンドについての紹介がされている。ポッソ・フンド市の小規模有機コーヒー生産者への、私たちの支援に対する感謝と、ポッソ・フンド市としての支援を表明するメッセージであった。市長のメッセージは、フェアトレード先の農家の経済や暮らしの改善にとどまらず、ポッソ・フンド市だけでなく全ブラジルへの影響の小さくないことを期待されてのものだと私たちは理解している

　ポッソ・フンド市は、ミナスジェライス州の南部に位置し、ブラジル最大の都市サンパウロ市からは250kmほど北にあって、人口は1万5,000人ほどである。

　標高1,000mを超える山岳地帯の、伝統的に良質のアラビカ種コーヒー生産地であって、日本でもコーヒー銘柄ではよく見かける「南ミナス」コーヒーとして有名なところである。この地域はコーヒーの他、酪農、タバコ、とうもろこしなどを生産し、生計をなす小農家がもっとも多く、低所得者が圧倒的に多い。1985年から、この地域の家族農業経営の人々が、よりよい条件を求め、小農民組合を結成し有機農業の学習活動を始めた。1990年には、環境保全の講習会を受け、農薬や化学肥料を使わない生産方法を学んだ。

　有機コーヒーの生産が始まったのは、1997年以降である。ブラジルで有機農業の研究・認証・普及を行う団体AAO（Agriculture Association Organization）にも参加し、ブラジルAAO有機認証を取得している。現在、その小農民組合の組合員は、有機コーヒー生産者56人である。彼らがフェアトレード有機コーヒーを生産し、販売することで、経済的自立の可能性が見

えるようになるまでに20年近くを要している。おそらくこの地域には有機コーヒーづくりに関係する話や、地域小農家の組合についての苦労話など、そこにはさまざまな生活、人間、地域のドラマがあるだろう。つい先だって、このポッソ・フンドの有機コーヒーをドイツのフェアトレード団体が、1俵168ドルで、まとまった量を買ってくれ、ポッソ・フンドは地域を上げて喜んだとの知らせが入った。

コーヒーの危機の世界的キャンペーン
——レポート「MUGGED Poverty in your coffee cup」との出会い

　私はそれまでフェアトレードはヨーロッパの遠くでのできごとで、フェアトレードという言葉だけで、ほとんど実感がなく、ブラジルでのコーヒーのフェアトレードも漫然と聞いていた。

　日本に戻り、コーヒーのフェアトレード活動を立ち上げなければと思ったのは、インターネットから、IFAT（International Federation for Alternative Trade）の「フェアトレードの規約と基準」を見つけたことが大きい。

　そこには、「フェアトレードとは、国際的な貿易をより平等にするために行われる、対話と透明性、敬意に基づく貿易のパートナーシップである。とくに「南」の弱い立場にある生産者や労働者の権利を保障し、よりよい条件で取引することで、持続可能な開発を支える。フェアトレード組織は、消費者の支援を受け、生産者の支援や意識啓発、従来の国際貿易の規則や慣習を変革するための活動に積極的に取り組んでいる」とある。さらに9つのフェアトレードの基準項目がある。ヨーロッパで盛んになっているフェアトレードを調べ、IFATのフェアトレードの考え方とその基準を見ると、すべて私にとって納得できることばかりであった。とくに生産者が社会的、経済的に自立ができるトレードをすること。またトレードの透明性、倫理性、環境への配慮が重視され、経済的に一方的なODAのような政府間の資金援助でなく、彼らの生産物を正当な生産者価格で購入する。そのことで彼らの経済的、

社会的自立を支援し、援助ができる。これは、私たち消費国の日本の責務であろうと思った。それを多くの人に理解してもらうべきであって、それが日本のフェアトレード活動だと思った。

フェアトレード関係インターネットの検索のなかから見つかったのが、本書「MUGGED Poverty in your coffee cup」である。コーヒー生産者2,500万人が危機にあるというこのレポートは衝撃的である。私たちにとっては、「たかが一杯のコーヒー」なのに、遠い南の国の生産者はその「たかが一杯のコーヒー」で生きていけるかどうか、生活の現実が、このオックスファムの報告書によって明らかにされている。

この現実は、私自身、2度のブラジルコーヒー農園訪問で、多少なりともそれを感じていたところである。コーヒーの取引価格は大暴落したままである。価格が上がるまで待って売りたいが、上がるまでコーヒー豆を持ち続ける余裕がない。すぐに換金しなければならない。コーヒー労働者を雇う経営者は、お金がないから収穫を早くして、コーヒーが完熟実になる前に収穫し換金する。そして賃金や肥料代など経費の支払いをしなければならないという。中堅の農園でも銀行から借りたお金の返済に追われている。コーヒーを早くお金にしなければならないと早く収穫する。それはコーヒーの質の低下にもつながるものである。コーヒーの大暴落によって起きている現実である。

日本フェアトレード委員会は何を目指すか

2002年7月、日本にフェアトレードを広めようという思いを持つ有志が集って、熊本市で「日本フェアトレード委員会」を結成した。「熊本発としての日本のフェアトレード委員会」と考えている。同年9月に講演会「有機コーヒーとフェアトレード」、同じく12月に講演会「グローバル経済とコーヒー」、2003年2月に講演会「コーヒーの経済」など、コーヒー中心としたフェアトレード学習を行ってきた。

2003年5月には、世界フェアトレード月間に参加して、「第1回国際フェアトレードフェスタ・イン九州」を多くのNGOや国際ボランティア、フェ

アトレード市民ボランティアの人たちとともに熊本市で開催し、成功をおさめた。すでに、「2004年・第2回国際フェアトレードフェスタ・イン九州」の準備も、ＪＩＣＡや熊本市国際交流振興事業団などの参加も得て始まっている。2004年8月には、「フェアトレードコーヒー・スタディ・ツアー」を計画している。

　「日本フェアトレード委員会」はフェアな世界のためにもフェアトレードが広がることを願っている。この翻訳出版の目的は、経済グローバリゼーションのなかで、南の国で生産されるコーヒーの価格がニューヨークやロンドン相場にまかされ、コーヒー生産国や生産者の貧困を生み出し、その一方一部の富める人をつくっている現実を見るとき、私たちは今何をしなければならないかを学びたいというところにある。消費国日本で知るコーヒーは、テレビコマーシャルで流れるきれいなイメージ以外に、生産国や生産者の現実の悲惨な事実を微塵も感じさせることはない。今までコーヒー生産者の「現実をベールで覆いかぶせてあったもの」、そして文字通り「Mugged」＝「奪われる」。その一方「儲けがどこに行ったか」、その「富める者」と「貧しき者」との2つの極がますますひどくなっている世の中である。このOxfam Internationalのレポート「MUGGED Poverty in your coffee cup」レポートにより世界の人たちに、コーヒー業界、もっと広く言うと「コーヒーの世界」に隠されていた実態の一部が明らかになったことの意義は大きいものだと思う。

　本書の翻訳出版を思い立った私たちは、「MUGGED翻訳委員会」（委員長：村田武九州大学大学院農学研究院教授）を組織し、翻訳スタッフの中心として会員の立山啓さん（現在、米国オハイオ州のOberlin Collegeに留学中）が翻訳作業の大半を担ってくれた結果、予期した以上のスピードで出版にこぎつけることができた。

　また出版は、筑波書房の鶴見淑男氏のOxfam Internationalとの契約にから出版までのご苦労をお願いし、出版の運びとなったことも併せて感謝申し上げたい。

あとがき

　日本フェアトレード委員会は、現在、特定非営利活動法人（NPO）取得の準備しているところである。

　連絡先は以下のとおりである。

〒861-5521　熊本市鹿子木町96－5　日本フェアトレード委員会

TEL：096-245-4545　FAX：096-245-4563

E-mail: fairtrade-japan.kazuyuki-kiyota@nifty.com

2003年9月8日

日本フェアトレード委員会　代表　清田和之

●訳者紹介

日本フェアトレード委員会

2002年7月、日本にフェアトレードを広めようという思いを持つ有志が集って、熊本市で「日本フェアトレード委員会」を結成した。現在、特定非営利活動法人（NPO）取得の準備している。

代表：清田和之（きよた　かずゆき）

村田　武（むらた　たけし）

1942年福岡県生まれ。現在は九州大学大学院農学研究院教授。経済学博士。

主要著書に『消費者運動のめざす食と農』（共著、農文協、1994年）、『問われるガット農産物自由貿易』（責任編集、筑波書房、1995年）、『世界貿易と農業政策』（ミネルヴァ書房、1996年）、『農政転換と価格・所得政策』（編著、筑波書房、2000年）などがある。

コーヒー危機──作られる貧困

2003年10月30日　第1版第1刷発行

訳　者　日本フェアトレード委員会
監　訳　村田　武
発行者　鶴見淑男
発行所　筑波書房
　　　　東京都新宿区神楽坂2－19 銀鈴会館
　　　　〒162－0825
　　　　電話03（3267）8599
　　　　郵便振替00150－3－39715
　　　　http://www.tsukuba-shobo.co.jp

定価は表紙に表示してあります

印刷／製本　平河工業社
ISBN4-8119-0238-6 C0033